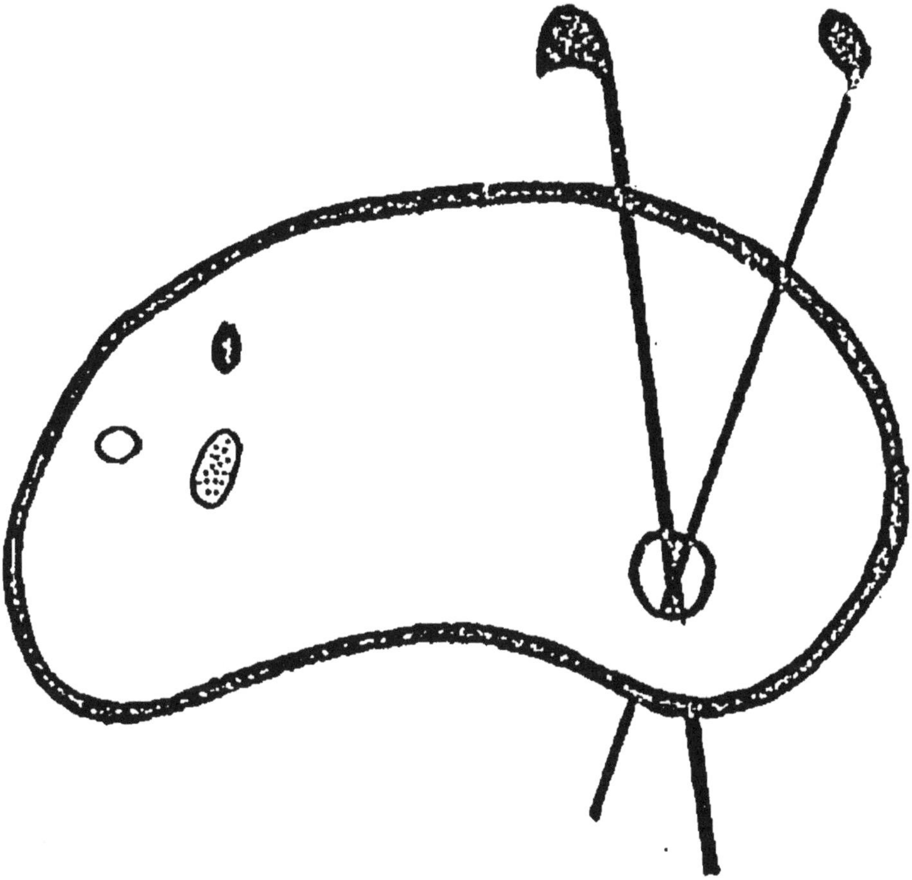

COUVERTURE SUPERIEURE ET INFERIEURE
EN COULEUR

PREMIÈRES NOTIONS

SUR

LES SCIENCES

PAR

TH. HUXLEY

Membre de la Société Royale de Loudres.

TRADUIT DE L'ANGLAIS

PAR HENRY GRAVEZ

PARIS

LIBRAIRIE GERMER BAILLIÈRE ET Cie

108, BOULEVARD SAINT-GERMAIN, 108

Au coin de la rue Hautefeuille

Coulommiers. — Typographie Paul BRODARD.

PREMIÈRES NOTIONS
SUR
LES SCIENCES

PAR

TH. HUXLEY
Membre de la Société Royale de Londres.

TRADUIT DE L'ANGLAIS

PAR HENRY GRAVEZ

PARIS
LIBRAIRIE GERMER BAILLIÈRE ET Cie
108, BOULEVARD SAINT-GERMAIN, 108
Au coin de la rue Hautefeuille

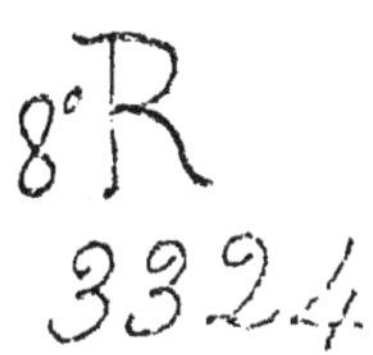

PREMIÈRES NOTIONS
SUR
LES SCIENCES

CHAPITRE PREMIER

LA NATURE ET LA SCIENCE

1. — La sensation et les choses.

Tout le temps que nous sommes éveillés, nous percevons au moyen de nos sens quelque chose du monde où nous vivons et dont nous sommes l'une des parties. Nous sommes sûrs constamment de toucher, d'entendre, de sentir et, à moins de nous trouver dans l'obscurité, de voir; par moments aussi, nous goûtons. Nous appelons *sensation* l'information ainsi obtenue.

Quand nous éprouvons une de ces sensations, nous disons communément que nous touchons, entendons, sentons, voyons ou goûtons quelque chose. Une certaine odeur nous fait dire que nous sentons l'oignon; une certaine saveur, que nous goûtons une pomme; un certain son, que nous entendons une voiture; une certaine apparition devant nos yeux, que nous voyons un arbre. Nous appelons *chose* ou *objet* ce que nous percevons ainsi à l'aide de nos sens.

2. — Les causes et les effets.

Nous disons en outre de toutes ces choses, de tous ces objets, qu'ils sont les *causes* des sensations en question, et que les sensations sont les *effets* de ces causes. Par exemple, si nous entendons un certain son, nous disons qu'il est causé par une voiture roulant sur la route, ou bien qu'il est l'effet, la conséquence du passage d'une voiture aux environs. Si nous sentons une odeur de brûlé, nous croyons que c'est l'effet de quelque chose en feu et nous recherchons avec inquiétude la cause de l'odeur. Si nous voyons un arbre, nous croyons qu'il existe une chose, un objet qui est cause de cette apparition dans notre champ visuel.

3. — La raison des choses. — L'explication.

Si, après avoir senti l'odeur de brûlé nous découvrons que quelque chose est réellement en feu, nous disons indifféremment que nous avons trouvé la cause de l'odeur, que nous connaissons la raison pour laquelle nous percevons cette odeur, ou que nous l'avons *expliquée*. Ainsi, connaître la raison d'une chose, ou expliquer cette chose, c'est en connaître la cause. Mais ce qui est la cause d'une chose est l'effet d'une autre. Supposons qu'un amas de paille enflammée soit la cause de l'odeur de brûlé; nous demandons immédiatement qui l'a allumé, ou quelle est la cause de son inflammation. Nous découvrirons peut-être qu'une allumette en feu a été jetée dans la paille, et nous dirons alors que cette allumette fut la cause du feu. Cette allumette cependant n'a pu se trouver là sans que quelqu'un l'y ait apportée. Sa présence est un effet produit par quelqu'un qui est la cause. Nous demandons alors si quelqu'un a placé là cette allumette. L'a-t-il fait involontairement ou avec intention? Et, dans ce cas, quel était son but, quelle était la cause qui le poussa à faire une telle chose? Quelle raison avait-il d'avoir un tel motif? Il est évident qu'il n'y a pas de limite aux questions dérivées les unes des autres, qui peuvent se poser de la sorte.

Nous croyons donc que toute chose est l'effet d'une autre qui l'a précédée comme cause, que cette cause elle-même provient d'une autre et ainsi de suite, par toute une chaîne de causes et d'effets qui s'étend aussi loin que nous voulons la suivre. On dit qu'une chose est expliquée aussitôt que nous en avons découvert la cause ou la raison de son existence. L'explication est plus complète si nous pouvons trouver la cause de cette cause et devient plus satisfaisante à mesure que nous ajoutons quelque anneau à la chaîne des causes et des effets. Aucune explication, cependant, ne peut être complète, parce que la connaissance humaine, à son plus haut degré, ne peut s'approcher que de très loin du commencement des choses.

4. — Propriétés des choses.

Quand il est établi qu'une chose produit toujours un effet particulier, nous donnons quelquefois à cet effet le nom de propriété de la chose. Ainsi, on dit que l'odeur des oignons est une propriété des oignons, parce qu'ils donnent toujours naissance à cette sensation particulière de l'odorat quand on les approche du nez; on dit que le plomb a la propriété de la pesanteur, parce qu'il nous donne toujours une sensation de poids quand nous le manions; on dit qu'un courant d'eau a la propriété de faire tourner une roue, parce qu'il est cause que la roue tourne; on dit enfin qu'un reptile venimeux a la propriété de tuer un homme, parce que sa morsure peut causer la mort d'un homme. Les propriétés attribuées aux choses sont donc certains effets causés par elles.

5. — Objets artificiels et naturels. La nature.

Un grand nombre des choses dont nous prenons connaissance par nos sens, comme les maisons, les meubles, les voitures, les machines, sont appelées *objets artificiels*, parce qu'elles ont été formées par l'*art* de l'homme, ou, comme on dit généralement, faites par l'homme. Il existe cependant un nombre beaucoup plus grand de choses qui ne doivent rien à la main de l'homme et qui seraient juste ce qu'elles sont si l'humanité n'existait pas. Tels sont le ciel et les nuages, le soleil, la lune et les étoiles, la mer avec ses récifs et ses plages de sable ou de galets, les collines et les vallées, les plantes et les animaux sauvages. Les choses de ce genre s'appellent *objets naturels*, et nous donnons à leur ensemble le nom de *nature*.

6. — Les choses artificielles ne sont que des choses naturelles façonnées, séparées ou réunies par l'homme.

Quoique la distinction entre la *nature* et l'*art*, entre les choses *naturelles* et les choses *artificielles* soit très aisée et très commode, il est nécessaire de se rappeler qu'en somme nous devons tout à la nature. Les objets artificiels eux-mêmes, que nous disons faits par l'homme, ne sont que des objets naturels façonnés et déplacés par lui. Dans le sens de *créer*, c'est-à-dire de faire exister une chose qui n'existait pas sous quelque autre forme auparavant, l'homme ne peut absolument rien. De plus, nous ne devons pas oublier que tout ce que peut faire l'homme pour façonner, grouper ou diviser des objets naturels, n'est possible qu'en vertu des propriétés qu'ils possèdent eux-mêmes, en tant qu'objets naturels.

En réalité, les choses artificielles sont toutes produites par l'action de cette partie de la nature que nous appelons humanité, sur tout le reste.

Nous parlons de « faire » une boite, et avec assez de raison, si nous voulons dire simplement que nous avons découpé les morceaux de bois et que nous les avons cloués ensemble; mais le bois est un objet naturel et le fer des clous en est un autre. Une montre est « faite » d'objets naturels, d'or et d'autres métaux, de rubis et d'autres matières, groupées et taillées de diverses façons; un habit est « fait » de laine, objet naturel; une robe est faite de coton ou de soie, objets naturels. Les hommes qui ont fait toutes ces choses sont eux-mêmes des objets naturels.

Les charpentiers, les maçons, les cordonniers, tous les autres artisans et artistes sont des personnes qui connaissent suffisamment les propriétés de certains objets naturels et la chaîne des causes et des effets dans la nature, pour pouvoir mettre en œuvre ces objets naturels et les rendre utiles à l'homme.

Un menuisier ne pourrait, comme nous disons, « faire » une chaise sans savoir quelque chose des propriétés du bois; un forgeron ne pourrait façonner un fer à cheval sans connaître la propriété du fer de s'amollir et de pouvoir se marteler à la chaleur rouge; un briquetier doit être au courant de beaucoup des propriétés de l'argile; le plombier enfin ne peut accomplir sa besogne sans savoir que le plomb a pour propriétés la mollesse et la flexibilité et qu'il fond à une chaleur modérée.

La pratique de chaque art implique une certaine science des causes et des effets naturels. Le progrès dans les arts dépend surtout de la connaissance plus grande que nous acquérons des propriétés des objets naturels et de la façon de faire servir à notre avantage ces propriétés et les relations de cause et d'effet.

7. — Beaucoup d'objets et de relations de causes et d'effets sont hors de notre portée.

Parmi les objets naturels, comme nous l'avons vu, il en est quelques-uns que nous pouvons saisir et expliquer; mais les plus grandes choses de la nature et les chaînons de cause et d'effet qui les relient sont tout à fait hors de notre atteinte. Le soleil se lève et se couche; la lune et les étoiles se meuvent à travers le ciel; le beau temps et les tempêtes, le chaud et le froid se succèdent. La mer passe d'un trouble violent à un calme plat suivant que la force du vent augmente ou disparaît; des plantes et des animaux sans nombre paraissent et s'évanouissent sans que nous puissions exercer la plus légère influence sur la succession majestueuse des séries de grands événements naturels. Les ouragans ravagent un lieu, les tremblements de terre en détruisent un autre, les éruptions volcaniques en dévastent un troisième. Ici, une belle saison répand la richesse et l'abondance; là, une longue sécheresse apporte la peste et la famine. Dans tous ces cas, l'influence directe de l'homme est nulle, et, tant qu'il reste ignorant, il sert de jouet aux grandes forces de la nature.

8. — L'ordre de la nature : rien n'arrive par accident, le hasard n'existe pas.

L'une des premières choses qu'apprirent les hommes aussitôt qu'ils commencèrent à étudier soigneusement la nature, fut que certains événements se produisaient en ordre régulier et que certaines causes donnaient toujours naissance aux mêmes effets. Le soleil se lève toujours d'un côté du ciel et se couche de l'autre; les changements de la lune se suivent dans le même ordre et à des intervalles réguliers; certaines étoiles ne s'abaissent jamais au-dessous de l'horizon du lieu où nous vivons; les saisons sont plus ou moins régulières; l'eau gagne toujours le point le plus bas; le feu brûle toujours; les plantes proviennent de semences et en fournissent de nouvelles qui donnent naissance à des plantes semblables; les animaux naissent, grandissent, se développent et meurent, d'époque en époque, de la même façon.

De la sorte, la notion d'un *ordre naturel*, d'une fixité dans la relation de cause et d'effet entre les choses, pénétra graduellement dans l'esprit des hommes. Tant qu'un tel ordre se manifestait, on tenait les choses pour expliquées; celles au contraire qu'on ne pouvait expliquer étaient dues, disait-on, au *hasard*, à quelque accident.

A mesure cependant qu'on étudia plus soigneusement la nature, on découvrit que l'ordre y régnait et que le désordre prétendu n'était rien qu'une complexité. Personne aujourd'hui n'est assez fou pour croire que rien arrive par hasard ou qu'il se produise réellement aucun accident, dans le sens d'événement sans cause. Si nous disons encore qu'une chose arrive par hasard, chacun admet que nous voulons signifier simplement que nous n'en connaissons point la cause, la raison pour laquelle cette chose particulière arrive. Hasard et accident sont synonymes d'ignorance.

En ce moment même, je regarde par la fenêtre. Il pleut et il vente fort; les branches d'arbre sont violemment agitées. Il peut se faire qu'un homme se soit réfugié sous l'un de ces arbres; peut-être, si une rafale plus violente vient à se produire, une branche se brisera, tombera sur cet homme et le blessera grièvement. Si cette chose arrive, on l'appellera un « accident », et l'homme lui-même dira peut-être qu'il est sorti par hasard, qu'il s'est réfugié par hasard sous un arbre, et qu'ainsi l'accident est arrivé. Il n'y a dans tout cela ni hasard ni accident. La tempête est l'effet des causes agissant sur l'atmosphère, peut-être à des centaines de milles d'ici; chaque vibration des feuilles est la conséquence de la force mécanique du vent agissant sur la surface qui y est exposée; si la branche se brise, ce sera une conséquence de la relation entre sa solidité et la force du vent; si elle tombe sur l'homme, ce sera la conséquence de l'action d'autres causes naturelles définies; enfin la position de l'homme sous la branche n'est que le dernier terme dans une série de causes et d'effets qui se sont succédé dans un ordre naturel, depuis la cause dont l'effet a été de le faire sortir jusqu'à celle dont l'effet a été de le faire séjourner sous l'arbre.

Tant que nous ne sommes pas assez sages pour démêler toute cette série longue et compliquée de causes et d'effets qui conduit jusqu'à la chute de la branche sur l'homme, nous appelons cet événement un accident.

9. Les lois de la nature. Les lois ne sont pas des causes.

Quand nous avons découvert par une observation attentive et répétée que quelque chose est toujours la cause d'un certain effet ou que certains événements ont toujours lieu dans le même ordre, nous appelons la vérité ainsi découverte une *loi de la nature*. Ainsi, c'est une loi naturelle que toute chose pesante, abandonnée à elle-même, tombe sur le sol; c'est une loi naturelle que, dans les conditions ordinaires, le plomb soit mou et lourd, tandis que le cristal est dur et cassant. L'expérience nous montre en effet que les choses lourdes tombent toujours quand on les livre à elles-mêmes, et que dans les conditions ordinaires le plomb est toujours mou et le cristal toujours dur.

En réalité, tout ce que nous connaissons des propriétés des objets naturels et de l'ordre de la nature peut proprement s'appeler une loi naturelle. Il est désirable pourtant de se rappeler — chose qu'on oublie très souvent — que les lois naturelles ne sont pas les causes de l'ordre de la nature, mais seulement notre façon d'établir ce que nous avons pu découvrir de cet ordre. Les pierres ne tombent pas sur le sol en conséquence de la loi qui vient d'être énoncée, comme on le dit souvent sans réflexion; mais la loi est un moyen d'affirmer ce qui arrive invariablement quand des corps lourds à la surface de la terre, les pierres comme le reste, sont libres de se mouvoir.

Les lois naturelles sont sous ce rapport semblables aux lois que font les hommes pour guider leur conduite les uns envers les autres. Il y a des lois sur le payement des impôts, et il y a des lois contre le vol ou le meurtre. La loi cependant n'est pas cause que les hommes payent leurs impôts ou qu'ils s'abstiennent de voler ou de tuer. La loi est simplement l'affirmation de ce qui arrivera si un homme ne paye pas ses impôts et s'il commet un vol ou un meurtre; la vraie cause de son exactitude à payer l'impôt, à s'abstenir du crime — en l'absence de tout motif supérieur — est la crainte des conséquences, qui est l'effet de sa croyance dans cette affirmation. Une loi humaine nous fait prévoir ce que fera la société dans certaines circonstances, et une loi naturelle nous fait, de même, prévoir ce que feront les objets naturels dans certaines circonstances. Chacune contient une information adressée à notre intelligence, et, à part l'influence qu'elle peut exercer sur celle-ci, elle n'est qu'une parole en l'air.

A côté de la grande analogie qui existe entre les lois humaines et les lois naturelles, il ne faut pas cependant passer sous silence certaines différences essentielles qui les séparent. La loi humaine consiste en commandements adressés à des agents volontaires et auxquels ils peuvent obéir ou désobéir; les infractions à la loi ne la rendent pas nulle ou sans effet. Les lois naturelles, au contraire, ne sont pas des commandements, mais des assertions concernant l'ordre invariable de la nature, et elles ne conservent le caractère de loi qu'aussi longtemps qu'elles se trouvent exprimer cet ordre Parler de la violation ou de la suspension d'une loi naturelle est une absurdité. Tout ce que peut signifier cette phrase, c'est que dans certaines circonstances l'assertion contenue dans la loi n'est pas exacte, et la vraie conclusion qu'il en faut tirer est, non pas que l'ordre de la nature est interrompu, mais que nous avons fait une méprise en établissant cet ordre. Une loi naturelle véritable est une règle universelle, et, comme telle, n'admet aucune exception.

De plus, les lois humaines n'ont aucune signification en dehors de l'existence de la société humaine.

Les lois naturelles expriment le cours général de la nature, dont la société humaine ne forme qu'une insignifiante fraction.

10. — La connaissance de la nature est le guide de la conduite pratique.

Si rien n'arrive par hasard et si tout dans la nature suit un ordre défini, si, avec cela, les lois naturelles sont l'expression en langue exacte de ce que nous avons pu saisir de l'ordre de la nature, il devient alors fort important pour nous de connaître le plus possible de ces lois naturelles, afin de pouvoir guider sur elles notre conduite.

Tout homme qui essayerait de vivre dans un pays sans connaître les lois de ce pays se trouverait bientôt dans l'embarras. S'il subissait l'amende, la prison ou même la mort, les gens sensibles en rejetteraient sans doute la faute sur son insigne folie.

De la même façon, tout homme qui voudrait vivre à la surface de la terre sans faire attention aux lois naturelles n'y passerait qu'un temps fort court et le plus souvent dans une situation fort désagréable. Une particularité des lois naturelles qui les distingue des lois de provenance humaine, c'est qu'elles produisent leur effet sans sommation ni poursuite. En réalité, personne ne pourrait vivre un demi-jour sans obéir à quelque loi naturelle, et des milliers de nos semblables meurent chaque jour ou vivent misérablement, parce que les hommes n'ont pas mis encore assez de zèle à connaître le code de la nature.

On a déjà vu que la pratique de tous nos arts, de toutes nos industries dépend de la connaissance que nous avons des propriétés des objets naturels que nous pouvons nous approprier et mettre en œuvre. Quoique nous ne puissions exercer aucun contrôle direct sur la plus grande partie des objets naturels et sur la succession générale des causes et des effets dans la nature, cependant, si nous connaissons les propriétés de ces objets et l'ordre habituel des événements, nous pouvons éviter ce qui nous est nuisible et profiter de ce qui nous est favorable.

Ainsi, quoique les hommes ne puissent en aucune façon changer les saisons ou modifier le procédé de développement des plantes, ils peuvent cependant, après avoir appris l'ordre de la nature en ces matières, prendre leurs dispositions pour semer et récolter en conséquence.

Ils ne peuvent faire souffler le vent; mais, quand il souffle, ils peuvent profiter de sa force connue et de sa direction probable pour gonfler les voiles des vaisseaux et faire tourner les moulins; ils ne peuvent arrêter l'éclair, mais ils peuvent le rendre inoffensif au moyen de conducteurs, dont la construction implique la connaissance de quelques-unes des lois de cette électricité qui a donné naissance à l'éclair. Prévision est précaution, dit le proverbe, et la connaissance des lois naturelles est la prévision de ce à quoi nous pouvons nous attendre quand nous avons affaire aux objets naturels.

11. — La science. — La connaissance des lois naturelles s'obtient par l'observation, l'expérience et le raisonnement.

Aucune ligne ne peut être tracée entre la connaissance vulgaire des choses et la connaissance scientifique, non plus qu'entre le raisonnement vulgaire et le raisonnement scientifique. Rigoureusement, toute connaissance exacte est de la *science*, tout raisonnement juste est du raisonnement scientifique.

La méthode d'*observation* et d'*expérience*, par laquelle la science a obtenu de si grands résultats, est identiquement la même que celle qu'emploie le premier venu, tous les jours de sa vie ; elle n'est que perfectionnée et plus précise. L'enfant qui acquiert un jouet nouveau en observe les caractères et expérimente sur ses propriétés. Tous, tant que nous sommes, nous faisons des observations et des expériences sur une chose ou l'autre.

Ceux, cependant, qui n'ont jamais essayé d'observer exactement, seront surpris des difficultés qu'ils éprouveront à le faire. Il n'est pas une personne sur cent qui puisse décrire l'événement le plus ordinaire avec quelque apparence d'exactitude. En d'autres termes, ou elles omettront quelque chose de ce qui s'est passé et qui est d'importance, ou elles suggéreront quelque autre chose qu'elles n'ont pas réellement observée, mais qu'elles supposeront inconsciemment s'être présentée. Quand deux témoins sincères se contredisent devant un tribunal, il en ressort d'ordinaire que l'un des deux, quelquefois tous les deux, confondent les inductions tirées de ce qu'ils ont vu avec ce qu'ils ont réellement vu. A jure que B a mis la main dans sa poche. Il se trouve que tout ce que A sait réellement, c'est qu'il a senti une main dans sa poche quand B était près de lui. Or B n'était pas le voleur, mais bien C, que A n'avait pas remarqué.

Les observateurs inexpérimentés mélangent les inductions tirées de ce qu'ils voient avec ce qu'ils voient réellement, de la façon la plus extraordinaire, et les observateurs expérimentés et soigneux courent eux-mêmes le danger constant de tomber dans la même erreur.

L'observation scientifique est à la fois entière, précise, dégagée de toute induction inconsciente.

L'expérience est l'observation de ce qui arrive quand nous rapprochons ou que nous séparons avec intention des objets naturels, ou que nous modifions d'une façon quelconque les conditions dans lesquelles ils sont placés. L'expérience scientifique, par conséquent, est l'observation scientifique accomplie dans des conditions artificielles exactement connues.

Tout le monde a pu observer que l'eau gèle quelquefois. L'observation devient scientifique quand nous nous rendons compte des conditions exactes dans lesquelles se produit le changement de l'eau en glace.

L'expérience la plus vulgaire nous apprend que le bois flotte dans l'eau. L'expérience scientifique nous montre qu'en flottant il déplace son propre poids d'eau.

Le *raisonnement* scientifique diffère du raisonnement ordinaire exactement de la même façon que l'observation et l'expérience scientifiques diffèrent de l'observation et de l'expérience ordinaires, c'est-à-dire qu'il s'efforce d'être exact. Il est tout aussi difficile de raisonner exactement que d'observer exactement.

Dans le raisonnement scientifique, les règles générales se déduisent de l'observation de nombreux cas particuliers, et, une fois ces règles générales établies, on en tire les conclusions, comme dans la vie ordinaire. Si un enfant dit que les marbres sont durs, il tire des marbres qu'il a pu voir et sentir une conclusion relative aux marbres en général, et il emploie le mode de raisonnement qu'on appelle techniquement *induction*. S'il refuse d'essayer de briser un marbre avec ses dents, c'est parce que, d'une façon consciente ou inconsciente, il accomplit l'opération converse de la *déduction* sur la règle générale que « les marbres sont trop durs pour être brisés avec les dents ».

Vous en apprendrez davantage sur les procédés de raisonnement en étudiant la *logique*, qui traite à fond ce sujet. Pour le moment, il nous suffit de savoir que les lois de la nature sont les règles générales concernant la conduite des objets naturels, règles basées sur des observations et des expériences innombrables; en d'autres termes, que ce sont des inductions, tirées de ces observations et de ces expériences. Les résultats théoriques et pratiques de la science sont le produit du raisonnement déductif basé sur ces règles.

La science et le sens commun ne sont donc pas opposés, comme le prétendent certaines gens. La science, au contraire, est le sens commun perfectionné. Le raisonnement scientifique est tout simplement un raisonnement vulgaire très serré, et la connaissance vulgaire se transforme en connaissance scientifique à mesure qu'elle devient plus exacte et plus complète.

La voie qui mène à la science traverse donc la connaissance vulgaire; nous devons étendre celle-ci par l'observation attentive et l'expérience et apprendre à formuler exactement le résultat de nos investigations sous forme de règles générales ou de lois naturelles. Enfin nous devons nous accoutumer à raisonner exactement sur ces règles et arriver ainsi à des explications rationnelles des phénomènes naturels qui puissent suffire à nous guider dans la vie.

CHAPITRE II

LES OBJETS MATÉRIELS

I

LES CORPS MINÉRAUX

12. — L'eau comme objet naturel.

L'un des objets naturels les plus répandus est l'*eau*. Chacun s'en sert, chaque jour, d'une façon ou de l'autre, et chacun possède par conséquent sur elle une certaine somme d'observation vague, de connaissance vulgaire. Selon toute probabilité, une grande partie de cette connaissance a passé inaperçue de son possesseur, et certainement ceux qui n'ont jamais cherché à connaître tout ce qu'on peut savoir de l'eau ignorent beaucoup de ses propriétés et beaucoup des lois naturelles qu'elles viennent prouver. Ils ne pourraient, par cela même, rendre compte de beaucoup de choses dont l'explication est très facile. Nous pouvons donc aussi bien débuter dans la science par l'étude de l'eau.

18. — Un verre d'eau.

Supposons que nous ayons devant nous un verre à moitié plein d'eau. Ce vase est un objet artificiel, c'est-à-dire que certains objets naturels ont été mélangés et chauffés jusqu'à ce qu'ils se soient fondus en verre et qu'un ouvrier ait pu façonner ce verre. L'eau, d'autre part, est un objet naturel, venu d'une rivière, d'un étang, d'une source quelconque, peut-être d'une citerne, où s'est rassemblée la pluie tombée sur le toit d'une maison.

Cette eau présente un grand nombre de particularités. Par exemple, elle est transparente car vous pouvez voir au travers ; elle donne la sensation du froid, elle étanche la soif et dissout le sucre. Ce n'est cependant pas par ces caractères que nous devons commencer.

14. — L'eau occupe de l'espace, offre de la résistance, a du poids et peut transmettre un mouvement acquis. C'est donc une forme de la matière.

L'eau, voyons-nous, remplit jusqu'à mi-hauteur la cavité du verre. Elle occupe donc cet *espace*, elle a ce *volume*. Si vous introduisez un second verre sensiblement du même volume dans le premier, vous sentirez quand il touchera l'eau une certaine résistance; il faudra qu'une certaine quantité de liquide s'écoule pour que le fond du second verre puisse s'enfoncer. Toute personne qui tombe d'une certaine hauteur dans l'eau ressent un choc violent. L'eau offre donc de la *résistance*.

Si l'on vide l'eau, le verre sera beaucoup plus léger qu'auparavant; l'eau a donc du *poids*.

Enfin, si vous jetez l'eau contenue dans le

verre contre un objet légèrement appuyé, l'eau, en le heurtant, le renversera. C'est-à-dire que l'eau, mise en mouvement, peut *transmettre* ce mouvement à quelqu'autre chose.

Tous ces phénomènes, comme on appelle souvent les choses qui arrivent dans la nature, sont des effets dont l'eau, dans les conditions indiquées, est la cause, et on peut les appeler des propriétés de l'eau.

Toutes les choses qui occupent de l'espace, qui offrent de la résistance, qui ont du poids et peuvent transmettre un mouvement aux autres choses qu'elles rencontrent, sont appelées *corps matériels* ou simplement *matière*. L'eau est par conséquent une espèce, une forme de la matière.

15. — L'eau est un liquide.

Vous pouvez facilement observer que l'eau, quoiqu'elle occupe de l'espace, n'a pas de forme définie et qu'elle s'adapte exactement à la figure du vase qui la contient. Si le verre est cylindrique, le contour de la surface de l'eau sera circulaire quand le vase est placé verticalement et se rapprochera de plus en plus d'une ellipse, à mesure que l'on inclinera davantage le verre. Quelle que soit la forme du vase où vous la versez, l'eau s'adaptera toujours exactement à ses parois. En enfonçant le doigt dans l'eau, vous pouvez le mouvoir dans toutes les directions sans presque sentir aucun obstacle. Si vous retirez le doigt, il ne reste aucun trou, car l'eau se précipite de tous côtés pour remplir l'espace qu'occupait votre doigt. Vous ne pouvez prendre une poignée d'eau, parce qu'elle fuit entre vos doigts; vous ne pouvez non plus l'élever en tas. Tout cela démontre que les particules d'eau se meuvent l'une sur l'autre avec une grande facilité. Le même fait apparaît encore si vous inclinez le verre de façon que le niveau de la surface s'élève au-dessus du bord d'un côté et que l'eau ne soit plus en quelque sorte soutenue en ce point par le vase. L'eau *coule* alors et tombe sur le sol, où elle s'étend et gagne l'endroit accessible le plus bas, à moins qu'elle ne s'enfonce peu à peu dans les crevasses.

Néanmoins, quoique les particules d'eau glissent aussi facilement les unes sur les autres, elles adhèrent cependant jusqu'à un certain point. Si vous touchez du bout du doigt la surface de l'eau, une petite quantité de celle-ci y adhérera et si vous retirez le doigt avec lenteur et précaution, l'eau adjacente s'élèvera en colonne mince qui acquerra une certaine hauteur avant de se briser. De même, au lever du jour, après une forte rosée, vous pouvez voir sur les feuilles de chou et les brins d'herbe de l'eau en gouttes sphériques, dont les particules sont groupées de la même façon.

Les substances matérielles dont les particules sont si mobiles qu'elles s'adaptent exactement aux parois du vase qui les contient et qu'elles coulent quand elles sont livrées à elles-mêmes, s'appellent *fluides.* Les fluides dont les particules ne se séparent pas et restent groupées, comme celles de l'eau, s'appellent *liquides.*

L'eau est donc un liquide.

16. — L'eau est presque incompressible.

On a vu que l'eau, comme tous les autres corps matériels, résiste à l'introduction d'une autre matière dans l'espace qu'elle occupe. Beaucoup de choses, cependant, tout en résistant, peuvent facilement s'écraser, se *comprimer* en un volume plus petit. Tel n'est pas le cas pour l'eau, qui, comme les autres liquides, est presque *incompressible,* c'est-à-dire qu'il faut une pression énorme pour faire diminuer son volume à un point appréciable. Il peut sembler étrange qu'une chose d'aussi faible résistance en apparence que l'eau soit presque aussi difficile à comprimer qu'un poids égal de fer; mais ce peu de résistance de l'eau est dû à la facilité avec laquelle elle change de forme. Si l'on empêche l'eau de changer sa forme, il devient très difficile de rapprocher ses particules. On a prouvé que, si l'on enferme de l'eau dans une capacité, une pression s'élevant à quinze livres par pouce carré n'en diminue le volume que de $\frac{1}{20000}$. Prenez une seringue ordinaire, et, après vous être assuré que le tampon ou *piston* remplit bien le *cylindre*, introduisez le bec dans l'eau et remontez le piston. Relevez alors le bec et poussez le piston de façon à faire sortir un peu d'eau, pour vous assurer que le cylindre ne contient rien que de l'eau. Appuyez maintenant solidement votre doigt sur l'orifice du tuyau, pour empêcher l'eau de sortir et essayez de pousser le piston. Vous trouverez que vous ne pouvez le faire bouger sans un grand effort, et, si le piston se meut d'une façon appréciable, c'est qu une partie de l'eau s'est échappée par les parois du piston. En réalité, si le piston, bien ajusté, présente un pouce carré de surface et que la colonne d'eau dans le cylindre ait un pouce de long, il faut une pression de 30 000 livres, environ treize tonnes, pour le faire bouger d'un dixième de pouce.

17. — La signification du poids.

Voyons maintenant ce que c'est que le poids. Nous disons qu'une chose a du poids quand, en essayant de la soulever ou de la tenir à la main, nous devons faire un effort. Nous disons encore qu'une chose a du poids si, quand nous la privons du soutien qui la retenait à une certaine hauteur au-dessus du sol, elle tombe à terre. Nous entendons simplement par le sol la surface de la terre, et, comme tous les corps pesants tombent directement vers la surface de la terre quand ils n'en sont pas empêchés, nous pouvons dire que tous les corps pesants tendent à tomber de cette façon. Peu importe le point de la surface terrestre où vous fassiez l'expérience. La pluie consiste en gouttes d'eau. Que nous regardions une averse par un temps calme ici ou à la Nouvelle-Zélande, les gouttes tomberont perpendiculairement vers le sol. Nous savons cependant que la terre est un globe et que la Nouvelle-Zélande est à nos antipodes. c'est-à-dire du côté du globe opposé à l'Angleterre. Ainsi, si la pluie tombe en même temps à la Nouvelle-Zélande et ici, les gouttes tomberont l'une vers l'autre, dans des directions opposées, c'est-à-dire vers le centre de la terre, qui se trouve entre elles.

Tous les corps pesants tendent à tomber vers le centre de la terre, c'est-à-dire qu'ils tombent de cette façon si rien ne les empêche. Quand nous parlons de poids, nous avons en vue cette tendance à tomber. Dire qu'une chose est pesante, c'est affirmer que nous nous attendons à ce qu'elle tombe sur le sol si on l'en laisse libre, ou à ce que, si nous la soutenons, nous ayons conscience d'un effort.

18. — La gravité et la gravitation.

Le mot *gravité*, quand on l'employa d'abord, avait exactement la même signification que pesanteur. On dit qu'une chose pesante *gravite* vers le centre de la terre. Le mot a cependant acquis un sens beaucoup plus large que celui de pesanteur. En effet, un nombre immense d'observations et d'expériences attentives ont établi cette règle générale, cette loi naturelle, que toute substance matérielle tend à s'approcher de toute autre substance matérielle, exactement de la même façon qu'une goutte de pluie tombe vers la terre, et qu'en réalité deux portions de matière, quelle qu'en soit la nature, se mouveront l'une vers l'autre si rien ne les empêche.

Pour éclaircir la chose, supposons que les seuls corps matériels, dans tout l'univers, soient deux gouttes d'eau sphériques, ayant chacune un dixième de pouce de diamètre.

Chacune de ces gouttes aurait le même volume que l'autre et serait une quantité de matière exactement équivalente à l'autre. Quelle que soit la distance qui sépare ces deux gouttes, elles commenceraient à s'approcher l'une de l'autre, et, chacune se mouvant avec une vitesse graduellement croissante, elles finiraient par se rejoindre en un point exactement à mi-chemin entre les positions qu'elles occupaient d'abord. Si le volume de l'une des gouttes était plus grand que celui de l'autre, la plus grosse se déplacerait plus lentement et le point de rencontre serait ainsi plus près de cette plus grosse goutte. Il en résulte que si l'une des masses d'eau était aussi grosse que la terre et que l'autre conservât son volume originel, celui d'une goutte de pluie, le mouvement de la grande masse vers la petite serait une fraction infiniment minime de la distance totale parcourue. On pourrait croire qu elle n'a pas bougé de place et qu'elle a attiré la petite masse vers elle. C'est justement ce qui arrive quand une simple goutte d'eau tombe d'un nuage sur la terre, en parcourant une distance d'un mille environ. La terre se meut réellement vers elle, exactement comme elle se meut vers la terre, suivant la ligne droite qui joint leurs deux centres; mais la portion de cette ligne que chacune parcourt est *inversement proportionnelle* à la quantité de matière qu'elle renferme, c'est-à-dire qu'elle est d'autant plus courte que la masse est plus grosse. Nous avons ainsi une règle de trois : Un mille est à la distance parcourue par la terre comme la masse de la terre est à celle d'une goutte de pluie. En faisant l'opération, on trouverait que le quatrième terme de la proportion est une fraction de pouce infiniment minime. En pratique, nous pouvons toujours considérer la terre comme immobile relativement aux corps qui tombent, d'autant plus que la quantité de matière de ces corps est insignifiante en comparaison de celle que renferme la terre.

Ce qui est vrai de l'eau est vrai, pour autant que nous sachions, de toutes les espèces de matière. Nous pouvons donc énoncer comme loi naturelle que toutes les espèces de matière possèdent de la gravité, c'est-à-dire que, sur deux d'entre elles, chacune tend à se mouvoir vers l'autre avec une vitesse d'autant plus faible que la quantité de matière qu'elle contient est plus considérable en proportion de celle de la seconde. De plus, cette vitesse s'accroît graduellement à mesure que la distance diminue.

Ce qu'on appelle la *loi de gravitation* est l'énoncé des mêmes faits observés d'une façon différente et plus complète.

19. — La cause de la pesanteur. — L'attraction. — La force.

Nous ne connaissons absolument rien de la raison pour laquelle les corps ont du poids. Les corps ne tombent pas à cause de la loi de gravitation, et leur pesanteur n'explique pas pourquoi ils tombent. La gravité, comme nous l'avons vu, n'est qu'un autre nom de la pesanteur, et la loi de gravitation n'est qu'un énoncé de la *façon* dont les corps se rapprochent; elle n'est pas la *raison* qui explique ce rapprochement.

On dit souvent que la gravitation n'est autre chose que l'*attraction* et que les corps tombent sur la terre parce que la terre les attire. Mais le mot « attirer » veut tout simplement dire « tirer vers », et « attraction » ne signifie rien autre chose que l'action de tirer. Dire, quand deux corps se meuvent l'un vers l'autre, qu'ils sont « tirés l'un vers l'autre », c'est décrire tout simplement le fait, sans nous rendre en rien plus savants qu'auparavant; tout au contraire, si nous n'y faisons grande attention, nous en savons moins qu'avant, car cette expression de « tirer » s'associe si bien à l'idée de cordes et de crochets et à l'action de traîner que nous en arrivons aisément à imaginer l'existence de quelque engin invisible de ce genre dans le cas des corps qui s'attirent mutuellement.

Souvent aussi, la gravitation est désignée comme une *force*, et, comme ce mot de force est d'un usage très commun, essayons d'en déterminer la signification. On dit qu'un homme exerce de la force quand il pousse ou tire quelque chose de façon à exercer sur elle une pression ou à la mettre en mouvement. La force d'un lutteur se prouve par son étreinte, celle d'un joueur de boule par la vitesse du mouvement de la boule.

La force est donc le nom que nous donnons à ce qui produit ou, en cas de pression, à ce qui tend à produire le mouvement. La force de gravité désigne donc la cause de la pression que nous sentons quand des corps qui possèdent de la gravité sont soutenus par notre corps à nous, ainsi que la cause de leur mouvement vers le centre de la terre, quand ils sont libres de se mouvoir. C'est justement sur la cause de ces phénomènes que nous ne savons absolument rien.

Rien n'est plus nuisible que l'emploi intempestif de ces mots d'attraction et de force, comme s'ils désignaient des choses ayant une existence distincte des objets naturels et de la série des causes et des effets soumis à notre observation, alors qu'ils ne sont en réalité que le nom des causes inconnues de phénomènes certains. Il est fort important d'éclaircir les idées sur ce point au début de l'étude de la science.

Rappelons-nous donc que, autant que nous pouvons nous en assurer, c'est une loi naturelle que deux corps matériels, libres de se mouvoir, se rapprochent avec une vitesse graduellement croissante, et que l'espace que chacun parcourt avant la rencontre soit inversement proportionnel à la quantité de matière qu'il contient. L'*attraction* ou la *gravitation* est le nom de ce fait général; la *pesanteur* est le nom du fait dans le cas des corps terrestres, et *force* le nom que nous donnons à la cause inconnue du fait. Le fait, voilà ce qu'il est important de connaître. Les noms n'ont guère de conséquence aussi longtemps que nous nous rappelons que ce ne sont que des noms et non des choses.

20. — Le poids de l'eau est proportionnel à son volume.

Nous devons maintenant considérer non plus le poids en général, mais le poids de l'eau. Nous disons qu'un verre plein d'eau est plus lourd qu'un verre vide, parce que le verre plein nous donne une sensation d'effort plus grand quand nous le soulevons que ne le fait un vide. Plus il y a d'eau dans le verre, plus l'effort est grand. Un seau plein d'eau exige plus d'effort encore, quoique le seau vide paraisse tout à fait léger. Enfin, si nous avons affaire à une grande cuve pleine d'eau, nous sommes incapables de la faire bouger, quoique la cuve vide puisse se soulever facilement. Il semble donc que plus le volume d'eau est grand, plus elle pèse, et que plus il est petit, moins elle pèse. D'un autre côté, une simple goutte d'eau dans la paume de la main semble ne rien peser du tout. Cela ne peut être pourtant, car la goutte tombe rapidement sur le sol, prouvant ainsi qu'elle a du poids. De plus, quelques milliers de gouttes rempliraient le verre, et, si mille gouttes pèsent quelque chose, chaque goutte doit avoir un millième de ce poids. Le fait est que notre sensation de l'effort n'est qu'une mesure très grossière de la pesanteur et ne nous permet pas de comparer les faibles poids ou même de les percevoir s'ils sont très petits. Pour savoir quelque chose d'exact sur la pesanteur, nous devons avoir recours à un instrument construit dans le but de mesurer les poids avec précision.

21. — La mesure du poids. — La balance.

Cet instrument est la balance, que vous pouvez voir dans toutes les boutiques d'épiciers. Elle est composée d'un fléau qui se meut facilement sur un pivot fixé en son milieu et qui porte un plateau à chaque extrémité. Aussi longtemps que les plateaux sont vides, le fléau reste horizontal; mais, si vous placez dans l'un d'eux une chose ayant du poids, il s'abaisse et l'autre monte. En appuyant alors sur le plateau vide, le fléau redevient horizontal, et l'effort nécessaire pour le ramener à cette position sera d'autant plus grand que le poids placé dans le plateau opposé sera plus lourd. Une once placée dans un plateau se soulève facilement par la pression du doigt dans l'autre. Une livre exige plus d'effort; dix livres nécessitent l'emploi du bras; cinquante livres demandent plus d'effort encore, et la poussée la plus forte sur le plateau vide ne parvient pas à remuer deux cents livres.

En supposant qu'au lieu d'exercer une pression de haut en bas sur le plateau vide, vous y placiez quelque chose ayant du poids, aussitôt que ce poids sera égal à celui de l'autre plateau, le fléau deviendra horizontal. En réalité, chacun des plateaux a juste autant de tendance que l'autre à se mouvoir vers le centre de la terre, et, comme il ne peut descendre sans faire remonter l'autre, ils se neutralisent mutuellement. Cela revient au même que si deux hommes d'égale force se poussaient l'un contre l'autre; aussi longtemps que les poussées en sens opposé sont égales, aucun ne peut bouger; mais, dès que la force de l'un augmente quelque peu, il renverse l'autre.

22. — Le poids du même volume d'eau est constant dans les mêmes conditions. — La masse. — La densité.

Posons maintenant deux mesures graduées en verre mince dans les deux plateaux de façon qu'elles s'équilibrent exactement. Dans ces conditions, l'addition d'une seule goutte d'eau dans une des mesures fera descendre le plateau si la balance est bonne, montrant ainsi que la goutte a du poids. Si les mesures sont graduées exactement, quel que soit le volume d'eau introduit dans l'une, il faudra mettre dans l'autre un volume exactement semblable de la même eau pour que le fléau reste de niveau. C'est là une preuve évidente que le même volume d'eau, dans les mêmes circonstances, a toujours le même poids.

Nous avons vu précédemment que les corps tendent à se mouvoir l'un vers l'autre avec une vitesse [1] relative, inversement proportionnelle à la quantité de matières qu'ils contiennent. Mais comment mesurer la quantité de matière? l'estimera-t-on par l'espace qu'elle occupe, c'est-à-dire par le volume, ou bien par son poids? Vous apprendrez bientôt que le volume de tous les corps change constamment avec les variations de pression exercée par d'autres corps, mais surtout avec les variations de température auxquelles ils sont soumis.

1. La vitesse est mesurée par la distance qu'un corps parcourt en un temps donné. De deux corps, si l'un parcourt deux mètres par seconde, alors que le second n'en parcourt qu'un, le premier a la plus grande vitesse relative.

Le poids du même corps, au contraire, en un même point de la surface terrestre, ne change jamais. Nous pouvons donc prendre le poids d'un corps comme mesure de la quantité de matière qu'il contient, et il en résulte que, pour le même poids, plus le volume d'un corps est grand, moins il contient de matière proportionnellement à son volume, et que plus le volume est petit, plus il contient de matière. La proportion de son poids à son volume nous donne la *densité* d'un corps.

Maintenant, ce qui est vrai pour l'eau l'est pour tous les autres corps ou substances matérielles. En supposant que l'une des mesures soit vidée et replacée, le fléau peut être ramené à la position horizontale au moyen d'un morceau de plomb d'une grosseur exactement déterminée.

Le morceau de plomb fournira donc un poids exactement correspondant ou équivalant à autant d'eau. Des morceaux de fer ou de cuivre qui feront équilibre au plomb seront aussi les équivalents du poids de l'eau ou du plomb. Le volume de ces morceaux de plomb, de fer ou de cuivre sera évidemment beaucoup moindre que celui de l'eau à laquelle ils font équilibre. Il en résulte que la densité de ces métaux ou la quantité de matière contenue dans le même volume sera beaucoup plus grande que dans le cas de l'eau.

On appelle *poids* dans le commerce des morceaux de plomb, de fer ou de cuivre exactement équivalents en pesanteur à un certain volume d'eau dans certaines circonstances. Ainsi le mètre cube d'eau pèse mille kilogrammes, le litre en pèse un.

23. — Des volumes égaux de choses différentes dans les mêmes circonstances, ont des poids différents. — La densité des différents corps est différente.

Le fait important auquel il vient d'être fait allusion doit être examiné plus à fond. Nous avons vu qu'une mesure d'un litre nous donne l'espace occupé par la quantité d'eau qui pèse un kilogramme; cet espace est le *volume* de ce poids d'eau. Si vous prenez cependant un poids ordinaire d'un kilogramme et si vous le posez dans la mesure d'un litre, vous verrez qu'au lieu de la remplir il n'occupe qu'une très petite portion de l'espace intérieur ou, en d'autres termes, de sa capacité. Ainsi donc, le volume d'un kilogramme de plomb, de fer ou de laiton est beaucoup moindre que le volume d'un poids égal d'eau. C'est dire que les métaux sont plus *denses* que l'eau et que sous un même volume ils ont une masse plus grande ou plus de gravité. Pour présenter le cas d'une autre façon, remplissez à moitié d'eau le verre dont nous nous sommes déjà servis en faisant une marque exactement au niveau du liquide. Placez-le alors sur un des plateaux de balance, et équilibrez-le avec des poids dans l'autre plateau. Maintenant, videz l'eau, et, après avoir séché le verre, remplissez-le soigneusement jusqu'à la marque de sable fin. Le volume de sable sera égal au volume d'eau; mais les mêmes poids ne l'équilibreront plus, et vous devrez en placer de plus forts dans le plateau opposé. Volume pour volume par conséquent, le sable est plus lourd que l'eau. Jetez le sable et remplacez-le par de la sciure de bois, vous trouverez qu'il faudra pour l'équilibrer des poids plus faibles que pour l'eau; volume pour volume, par conséquent, la sciure est plus légère que l'eau.

En essayant de la même façon l'alcool et l'huile on les trouvera plus légers que l'eau, tandis que la mélasse sera plus pesante et le vif-argent beaucoup plus pesant que l'eau.

24. — Ce que signifient « pesant » et « léger ». — La pesanteur spécifique.

Nous avons l'habitude de nous servir des mots « pesant » et « léger » sans trop de discernement. Nous appelons légères les choses faciles à soulever, et pesantes les choses difficiles à soulever. Nous disons que le sable qu'emporte le vent est léger, et qu'un bloc de bois est pesant, et nous venons cependant de voir que le sable, à volume égal, est plus pesant que le bois. Pour écarter cette double signification, le poids d'un volume de tout corps solide ou liquide, en proportion du poids du même volume d'eau à une température et sous une pression connues, s'appelle sa *pesanteur spécifique*. L'eau étant prise pour unité, toute chose dont un volume est deux fois plus pesant que le même volume d'eau a pour pesanteur spécifique 2; s'il est trois fois plus pesant, 3; s'il l'est quatre fois et demie, 4,5, et ainsi de suite. Ainsi la pesanteur spécifique d'un solide ou d'un liquide exprime sa densité en proportion de celle de l'eau dans les mêmes conditions. La sciure, l'huile et l'alcool ont une pesanteur spécifique plus faible que l'eau, tandis que la mélasse, le sable et le mercure ont une pesanteur spécifique plus grande. Dans ce sens, les trois premières substances sont « légères », les trois dernières sont « lourdes ».

25. — Les choses dont le poids spécifique est plus fort que celui de l'eau s'enfoncent dans l'eau ; celles dont le poids spécifique est plus faible flottent à sa surface.

Voici deux verres d'eau. Dans l'un nous jetons du sable, dans l'autre de la sciure de bois. Qu'arrive-t-il? Le sable gagne le fond, la sciure flotte à la surface. Nous avons beau les remuer, le sable retombe, la sciure remonte obstinément. Ainsi donc, ce qui est plus léger que l'eau flotte, et ce qui est plus lourd, à volume égal, s'enfonce. Si nous versons de l'huile dans l'eau ou encore de l'alcool coloré, en l'introduisant avec précaution, nous les voyons surnager. La mélasse et le mercure, au contraire, s'enfoncent, tout comme la limaille de fer.

Nous avons vu que cette limaille s'enfonce, parce que le fer est plus pesant que l'eau. Voici un morceau de tôle étamée dont on fait les boites de fer-blanc. Qu'arrivera-t-il si nous le jetons dans l'eau? Il est plus lourd que l'eau, à volume égal, et par conséquent il s'enfoncera comme vous le voyez.

Voici maintenant une boîte de fer-blanc faite avec cette même tôle. Nous la jetons dans l'eau et vous voyez qu'elle ne s'enfonce plus du tout et qu'elle flotte à la surface, comme si elle était en liège. Voilà une difficulté. Nous étions sûrs tout à l'heure que le fer est plus lourd que l'eau, et voici maintenant une boite de fer qui flotte. Est-ce donc une exception à la loi? Du tout, car tout ce que nous avons dit, c'est qu'une chose flottait quand elle était, à volume égal, plus légère que l'eau. Pesons donc la boîte de fer-blanc et cherchons ensuite combien pèse le même volume d'eau. La chose est facile, car les parois de la boîte sont très minces, de sorte que l'intérieur est presque aussi grand que la boite entière. Par conséquent, si nous la remplissons d'eau et que nous la pesions nous trouverons à peu près exactement le poids d'un volume d'eau égal à celui de la boite. Nous verrons, cette opération faite, que l'eau contenue dans la boite pèse beaucoup plus que la boîte elle-même. De sorte que celle-ci, à volume égal, quoique faite en fer, est beaucoup plus légère que l'eau, et c'est pourquoi elle flotte.

Vous avez tous entendu parler des vaisseaux cuirassés, qui sont maintenant si communs, et vous vous êtes peut-être demandé comment ces vaisseaux, faits d'épaisses plaques de fer rivées ensemble et pesant plusieurs milliers de tonnes, ne sombrent pas. Ils ne représentent pourtant que nos boîtes de fer-blanc sur une grande échelle, et ils flottent parce que chacun d'eux pèse moins qu'une quantité d'eau du même volume.

C'est à cause de cette propriété de l'eau de porter les choses plus légères qu'elle, et à cause de cette autre propriété qu'ont ses particules de se mouvoir facilement, que la mer, les fleuves et les canaux sont devenus les grands chemins de l'humanité.

Rien n'est en effet assez pesant pour qu'on ne puisse le faire flotter sur l'eau si la boite qui le contient est assez grande pour que le poids du tout soit moins grand que le poids du même volume d'eau. Alors, la flottaison une fois obtenue, les particules d'eau se meuvent si facilement que la force du vent, des rames ou des palettes fait rapidement glisser le fardeau, à travers l'eau, d'un endroit à l'autre.

26. — Tout corps qui flotte déplace son poids d'eau.

Un centimètre cube d'eau pèse un gramme. En supposant que la boite de fer-blanc de l'expérience précédente soit carrée et qu'elle ait par exemple une capacité d'un décimètre cube, le poids du volume d'eau correspondant sera de un kilogramme. Si la boîte pèse 250 grammes, elle s'enfonce juste du quart de son volume; si elle en pèse 500, elle s'enfoncera de la moitié, et ainsi de suite. Si, quand la boite flotte, vous faites une marque sur sa paroi au niveau exact de l'eau, le volume de la boîte qui se trouve au-dessous de ce niveau pourra être mesuré. S'il est par exemple de 300 centimètres cubes, le poids de la boîte sera de 300 grammes. On peut donc dire que la partie immergée d'un corps flottant prend la place de l'eau qu'il déplace et, pour ainsi dire, la représente. Si vous appuyez de haut en bas sur la boîte flottante, vous sentez une résistance quand elle s'enfonce, et, une fois que la pression cesse, le corps se relève immédiatement. L'eau presse donc de bas en haut contre le fond du corps flottant, mais elle presse aussi contre ses parois, car, si la boîte est très mince, elle se déforme. Si l'on descend une bouteille en verre mince bien bouchée dans une eau profonde, le bouchon est refoulé à l'intérieur ou la bouteille se brise.

27. — L'eau presse dans toutes les directions.

L'eau exerce donc une pression dans toutes les directions sur les choses qui y sont plongées.

Si l'on place verticalement un long tube de

bois ou de métal dont le fond est fermé par un bouchon modérément serré et qu'on y verse de l'eau par le dessus, cette eau commencera par remplir la partie du tube au-dessus du bouchon et exercera sur celui-ci une certaine *pression*. Si l'on ferme le fond du tube en y appliquant étroitement la paume de la main, la pression de l'eau exigera, pour être surmontée, une certaine somme d'effort. A mesure que l'eau s'accumule, cette pression de haut en bas devient de plus en plus grande, jusqu'à ce que la main soit repoussée ou le bouchon chassé. La pression dans ce cas correspond au poids de l'eau, et le bouchon eût été tout aussi bien chassé par une tige de plomb de même poids. Supposons que le tube soit carré et que chaque côté de la section intérieure mesure exactement un centimètre. Chaque centimètre de hauteur du tube contiendra alors un centimètre cube d'eau. Puisqu'un centimètre cube d'eau pèse un gramme, l'eau qui remplit un mètre du tube pèse cent grammes, et un kilogramme d'eau remplira dix mètres de tube. Ces poids respectifs mesurent la pression que les deux colonnes d'un mètre et de dix mètres exercent par centimètre carré de la surface sur laquelle elles reposent.

La pesanteur spécifique du plomb est 11,45, c'est-à-dire qu'il est environ onze fois et demie plus dense que l'eau. Par conséquent, si l'on introduit dans le tube, à la place de l'eau, une barre de plomb ayant un centimètre carré de section et une hauteur onze fois et demie plus faible que la colonne d'eau, cette barre exercera sur le fond la même pression.

Il y a cependant une différence entre le plomb et l'eau, différence qui dépend de la fluidité de cette dernière. Le plomb n'exerce pas, comme l'eau, de pression sur les parois du tube. Si l'on perce un petit trou dans cette paroi, près du fond, et qu'on le ferme avec un bouchon, le plomb ne pressera pas sur le bouchon, tandis que si la colonne d'eau est assez haute, ce bouchon sera chassé avec autant de force que tout à l'heure, démontrant ainsi que la pression de l'eau est la même sur les parois que sur le fond. On peut facilement s'en assurer en fixant un long tube de verre courbé à angle droit dans une des parois d'un tuyau en bois. L'eau s'élèvera aussitôt dans le tube à la même hauteur que dans le tuyau. Il est donc évident que la pression de l'eau en un point quelconque des parois est exactement égale à la pression verticale en ce point, car la pression extérieure est exactement balancée par celle de la colonne verticale intérieure. L'eau, dans un arrosoir, est toujours au même niveau dans le bidon que dans le goulot.

Si l'on verse de l'eau dans un tube de verre courbé en U, elle restera toujours au même niveau dans les deux branches, quelles que soient la forme de la courbure, la capacité relative des branches et l'inclinaison du tube.

Cela doit être, car la force avec laquelle l'eau tend à s'écouler d'une des moitiés de l'appareil dépend de la hauteur verticale [1] de la surface de l'eau au-dessus de l'ouverture de sortie; toute colonne de hauteur verticale égale doit donc lui faire équilibre.

On peut démontrer plus simplement encore ce fait que toute colonne d'eau reste toujours au même niveau que toute autre avec laquelle elle communique, en plaçant un tube de verre, ouvert à chaque extrémité, dans un bassin plein d'eau. Quelle que soit la courbure ou l'inclinaison du tube, quelle que soit la grandeur de son orifice inférieur, la colonne d'eau sera intérieure exactement au même niveau que l'eau extérieure. Cependant il est clair que les parois de verre rigides du tube coupent toute communication entre la colonne d'eau intérieure et le reste, excepté par le fond.

1. La hauteur verticale est la hauteur mesurée par une ligne tirée perpendiculairement de la surface de l'eau à la surface de la terre. Un fil à plomb est un poids attaché à l'extrémité d'une ficelle qui donne la direction de la ligne de hauteur verticale.

Dans une ville bien aménagée, l'eau est distribuée dans toutes les maisons et peut se débiter par des robinets aux étages les plus élevés. Ces robinets sont alimentés par des tuyaux qui proviennent d'un réservoir placé au sommet de la maison. Cette eau est amenée d'un grand tuyau, ou conduite principale qui passe dans la rue, par une prise d'eau plus petite qui se bifurque souvent en plusieurs directions avant d'atteindre le réservoir placé au sommet de la maison. En suivant la conduite principale, vous trouverez qu'elle monte et descend, sous le pavé des rues, jusqu'à ce qu'elle atteigne les ouvrages hydrauliques. En cet endroit, la conduite se relie à un réservoir qui se trouve à une hauteur plus grande que tous les orifices par où l'eau se déverse ou qui alimente des pompes destinées à faire atteindre à l'eau cette hauteur. Ainsi le réservoir, la conduite principale et les embranchements forment un immense tube en U, et l'eau des embranchements tend à s'élever au même niveau que celle du réservoir, jusqu'au moment où elle s'écoule par un robinet.

28. — Transmission du mouvement par l'eau. La force vive de l'eau.

Supposons qu'une cuve en bois, portant près du fond un robinet dont la section intérieure est de dix centimètres carrés, soit remplie d'eau jusqu'à trois mètres au-dessus de l'ouverture. Si le robinet est fermé, la pression sur sa section intérieure sera de trois kilogrammes, ce qui représente pour chaque centimètre carré du fond de la cuve une pression de 300 grammes.

Si l'on ouvre le robinet, l'eau qui en est le plus près, n'étant plus soutenue extérieurement, est mise en mouvement par la pression intérieure et s'écoule au dehors. D'abord, le jet d'eau sort avec violence et lance le liquide à grande distance. En d'autres termes, le poids de la colonne d'eau de trois mètres agit comme une force ou comme une cause de mouvement sur l'eau la plus rapprochée du robinet, et cette eau est poussée au dehors avec une vitesse qui dépend de cette force, dans une direction horizontale. Si vous suspendez la balle d'un bilboquet dans le trajet du courant, l'eau, en frappant aussitôt la balle, la poussera dans la même direction que celle qu'elle prend elle-même. La propriété que possède l'eau en mouvement de communiquer ce mouvement à un corps en repos, mais libre de se mouvoir, comme la balle, est due à sa *force vive*. Le courant communiquera d'autant plus de mouvement à la balle, ou encore il mettra en mouvement une balle d'autant plus grosse, que sa masse est plus grande et sa vitesse plus considérable. Près de l'orifice du tuyau, la direction du courant est horizontale ; mais il commence bientôt à s'infléchir et décrit une courbe rapide jusqu'au sol. Il le fait exactement pour les mêmes raisons qu'une pierre jetée horizontalement décrit une courbe et finit par retomber à terre. En réalité le courant peut être considéré comme une certaine quantité d'eau jetée horizontalement.

Ces raisons sont au nombre de deux. D'abord, aussitôt que l'eau sort du robinet, elle passe à l'état de corps pesant non soutenu, et, comme tel, elle commence sa chute vers le sol. Secondement, la force vive de l'eau va continuellement en diminuant, à cause de la résistance de l'air à travers lequel elle passe. Bien que l'air qui nous entoure soit si léger et si mobile que nous ne le remarquons pas d'ordinaire, il offre cependant aux corps qui se meuvent à travers lui une résistance facile à observer, par exemple avec un éventail. L'eau it surmonter cette résistance, et sa force vive en est proportionnellement diminuée.

Si, quand l'eau quitte le robinet, la résistance de l'air et la gravitation étaient abolies, l'eau, perdant sa force vive, conserverait toujours la même direction.

A mesure que l'eau s'écoule, on observe que la vitesse du courant devient moindre et que la courbe qu'il décrit diminue d'étendue, de sorte qu'il arrive plus vite au sol. Finalement, quand la cuve est presque vide, le courant tombe presque verticalement. La raison de ce fait est que le niveau supérieur de l'eau a baissé peu à peu. En conséquence, la hauteur de la colonne qui presse sur l'eau du robinet diminue graduellement et son poids avec elle. Or ce poids ou cette pression est la cause du mouvement de l'eau, et, à mesure que la cause diminue, l'effet de cette cause doit diminuer. La force vive de l'eau devient donc de plus en plus faible et parcourt une distance horizontale moindre pendant le temps qu'elle met à tomber jusqu'au sol. Elle finit même par n'avoir plus du tout de mouvement horizontal appréciable et par tomber verticalement de l'orifice du robinet.

29. — L'énergie de l'eau en mouvement.

Un tuyau court, courbé à angle droit comme la lettre L, est fixé par une branche à l'extrémité du robinet, tandis que l'autre branche est dirigée verticalement. La cuve est pleine comme auparavant. Quand on ouvre le robinet, l'eau jaillit en l'air, et, après s'être élevée à une certaine hauteur, elle s'arrête et retombe. Nous avons là en réalité une fontaine.

Observez la différence entre le jet d'eau vertical et le jet d'eau horizontal. Si nous laissons de côté la résistance de l'air, l'eau lancée horizontalement n'a pas d'obstacle à surmonter, et elle poursuivrait sa route si son poids ne venait incliner de plus en plus sa direction vers la terre, sur laquelle elle finit par tomber.

Quand le jet est vertical, le cas n'est plus le même. L'eau, lancée verticalement, tend à retomber verticalement, comme tous les corps pesants, et sa force vive doit surmonter l'obstacle de sa pesantur. Toute portion d'eau est soumise, en réalité, à deux tendances opposées, la force vive qui la fait monter et la gravité qui la fait descendre. Si deux tendances sont égales et exactement opposées, le corps sur lequel elles agissent reste en repos, tandis que, si l'une est plus forte que l'autre, le corps se meut dans la direction de la plus forte.

Ainsi l'eau qui vient de quitter le tuyau s'élève, parce que la vitesse avec laquelle elle est lancée en l'air est suffisante pour lui faire parcourir en un temps donné, une seconde par exemple, un espace plus grand que celui que lui ferait décrire pendant le même temps sa gravité.

La distance que l'eau parcourra pendant cette seconde sera la différence entre la hauteur à laquelle elle se serait élevée sous l'action de la gravité et le chemin qu'elle aurait descendu sous l'action de la pesanteur si la force vive n'était entrée en jeu. A la fin de la seconde, la rapidité de son mouvement, ou sa vitesse, sera proportionnellement ralentie. Ainsi, à la fin de la première seconde, l'eau a dépensé une certaine portion de sa force vive à vaincre sa pesanteur et, comme il n'y a rien pour réparer la perte, elle parcourrait, si elle était livrée à elle-même, un chemin plus court qu'elle ne tendait à le faire pendant la première seconde. D'un autre côté, quoique la force vive de l'eau ait diminué, sa gravité, sa pesanteur ou sa tendance à tomber vers le sol sur une certaine distance dans un temps donné, reste exactement ce qu'elle était et agit dans le cours de la deuxième seconde exactement avec la même énergie que dans la première. Aussi, à la fin de cette deuxième seconde, la distance parcourue par l'eau est encore plus petite et sa vitesse encore moindre. Il est évident que, quelle que soit la disproportion au début entre la force vive et la pesanteur, la pesanteur doit toujours finir par l'emporter dans ces circonstances. Le magasin de force vive s'épuise, et, après un repos momentané, l'eau, réduite à la condition d'un corps livré à lui-même, commence à être attirée de haut en bas par l'action tout à fait libre de la gravité.

Le cas est semblable à celui d'un jeune garçon qui ramerait sur une barque dont l'avant serait subitement saisi par un homme vigoureux qui rejetterait violemment l'embarcation en arrière. La barque rétrograderait rapidement tout d'abord, mais chaque coup d'aviron du rameur retarderait son mouvement, jusqu'au moment où, la quantité de force vive communiquée par l'effort de l'homme ayant été complètement épuisée à lutter contre le travail du rameur, l'embarcation reprendrait sa marche en avant après un repos momentané. La distance à laquelle la barque sera repoussée dépendra évidemment de la quantité de force musculaire que l'homme capitalise, pour ainsi dire, soudainement dans la barque et que celle-ci restitue alors peu à peu.

Nous donnons aux gens qui possèdent beaucoup de force musculaire ou autre la qualification d'énergiques, et nous estimons leur énergie par les obstacles qu'ils surmontent, en d'autres termes par le travail qu'ils font.

Dans le présent exemple, l'énergie de l'homme serait mesurée par la distance à laquelle la barque serait poussée avant de s'arrêter.

Il est facile de transférer cette conception de l'énergie, considérée comme pouvoir de faire un travail, aux choses inanimées. Ainsi, quand un corps en mouvement surmonte en route quelque obstacle, en perdant peu à peu toute la force vive qu'il possédait au départ, nous disons qu'il a de l'*énergie* et qu'il fait un *travail*.

L'énergie de l'eau en mouvement se mesure de cette façon par l'intensité des forces opposées qu'elle peut vaincre, multipliée par la distance qu'elle peut parcourir avant que cette énergie ne soit épuisée, c'est-à-dire par le travail qu'elle fait avant d'être réduite elle-même à l'état de repos. Dans le cas que nous considérons, l'énergie qui l'emporte sur la gravité pendant un temps plus ou moins long dépend de la vitesse du courant, et celle-ci de son côté dépend de la hauteur de l'eau dans la cuve, au-dessus du robinet. De même que l'énergie du courant horizontal, celle du courant vertical diminue quand le niveau de l'eau s'abaisse. A mesure que la cuve se vide, le jet devient de plus en plus court et finit par se réduire à rien.

L'énergie de l'eau en mouvement fait d'elle, dans certaines circonstances, l'un des agents naturels les plus destructeurs et dans d'autres l'un des instruments les plus utiles de l'homme. Un torrent est de l'eau qui tombe des montagnes avec une vitesse qui dépend de l'inclinaison de son lit. Il acquiert en tombant de la force vive et par suite de l'énergie. Aussi pourra-t-il, soudainement grossi par la pluie et la fonte des neiges, renverser des masses de rochers et balayer tout devant lui. Rien ne peut offrir un aspect plus tranquille, plus inoffensif que celui d'une mer calme, mais, si le vent qui glisse à sa surface met les eaux en mouvement, elles viennent frapper le rivage avec une force terrible. L'énergie de l'eau se dépense alors à former de grandes vagues qui soulèvent de gros blocs de roche ou poussent des masses de galets sur le rivage.

Dans toutes les espèces de moulins à eau, c'est l'énergie de l'eau qui tombe plus ou moins rapidement qu'on met en œuvre. L'eau vient frapper contre des godets ou des aubes attachées à la circonférence d'une roue. Chaque aube est donc un obstacle auquel l'eau transmet une partie de son propre mouvement ; elle avance et fait tourner la roue à laquelle elle est fixée. La roue en tournant amène dans le trajet de l'eau un nouvel obstacle qui est traité de la même façon, et ainsi de suite. Chaque godet, chaque aube est le moyen par lequel une portion de la force vive du courant est pour ainsi dire saisie au passage et transmise à la roue hydraulique, qui tourne par conséquent avec une certaine vitesse.

Mais cette roue n'est autre chose qu'une masse de matière en mouvement, contenant elle-même une somme d'énergie, pouvant en d'autres termes faire du travail. Si une corde soutenant un poids était attachée à l'arbre de la roue, elle s'enroulerait sur l'arbre en soulevant le poids, ce qui représenterait un certain travail effectué par la rotation de la roue. Nous pourrions de la sorte mesurer grossièrement la somme d'énergie transmise par le courant à la roue.

Le mécanisme du moulin est simplement une série de combinaisons destinées à transmettre l'énergie emmagasinée dans la roue à l'endroit où le travail doit être accompli. Dans un moulin à farine, par exemple, une série de roues transporte l'énergie de la roue hydraulique jusqu'aux meules qu'elle met en mouvement.

30. — Les propriétés de l'eau sont constantes.

Si au moment d'une averse vous recueillez une partie d'eau de pluie, vous verrez qu'elle possède toutes les propriétés qui viennent d'être décrites. Elle se présentera comme un liquide presque incompressible dont chaque litre pèse un kilogramme. Peu importe que cette eau ait été recueillie en Afrique ou à la Nouvelle-Zélande, il y a des siècles ou il y a quelques instants. Nous avons également toutes raisons de croire qu'elle possédera les mêmes propriétés dans cent ans ou dans mille ans d'ici. En ce qui concerne les propriétés de l'eau de pluie, *l'ordre de la nature est constant.*

Cela n'équivaut d'aucune façon à dire que les propriétés de l'eau sont toujours les mêmes. En réalité, les propriétés de cette substance varient immensément suivant les conditions auxquelles elle est exposée; mais dans les mêmes conditions elles sont identiques, de sorte que nous pouvons toujours dire qu'en ce qui concerne l'eau l'ordre de la nature est constant.

31. — Un accroissement de chaleur amène d'abord un accroissement de volume de l'eau.

Nous avons vu qu'un certain poids d'eau a toujours le même volume dans les mêmes conditions. La plus importante de ces conditions est la température à laquelle elle est exposée. L'eau qui est restée un certain temps dans une chambre chaude diminue de volume ou *se contracte* si on la porte dans une place froide; elle *se dilate* au contraire, c'est-à-dire que son volume augmente, si on la rend plus chaude. La même chose est vraie du mercure, de l'alcool et des liquides en général. Un *thermomètre* est simplement un petit flacon — la boule, — avec un col très long et très étroit, — le tube — rempli de mercure ou d'alcool jusqu'à une faible hauteur dans le col. Si le liquide de la boule est chauffé, son volume augmente, et il pénètre dans le tube en augmentant la hauteur de la colonne. Si au contraire il est refroidi, son volume diminue ; à mesure qu'il se contracte, la colonne de liquide du tube rentre dans la boule et le niveau supérieur s'abaisse.

Si l'on fait une marque sur le tube ou sur une échelle qui y est adaptée, au point atteint par le liquide quand la boule est plongée dans l'eau bouillante, et une seconde marque au point où il s'abaisse quand la boule se trouve dans la glace fondante, on obtiendra, en divisant l'espace intermédiaire en 100 parties égales, ce que nous appelons un « degré » dans les thermomètres centigrades. Dans les thermomètres Fahrenheit, qui sont ordinairement en usage en Angleterre, l'espace entre les deux marques est divisé en 180 parties égales, le point d'ébullition étant fixé à 212° et le point de congélation à 32°. Pour la même somme de chaleur, le fluide du tube reste toujours au même degré, de sorte que l'instrument mesure la *température*.

On peut voir facilement que l'eau chaude

est plus légère que la froide quand on remplit un bain avec deux robinets, l'un d'eau chaude, l'autre d'eau froide, coulant en même temps. Si l'on ne prend soin de remuer l'eau, le dessus du bain sera beaucoup plus chaud que le fond. Ainsi le litre d'eau ne pèse un litre qu'à une certaine température, à un certain degré de chaleur, c'est-à-dire à 4° du thermomètre centigrade; si elle s'échauffe, son volume augmente, et par conséquent sa pesanteur spécifique diminue.

C'est pour cette raison que nous avons dit plus haut que le poids du même volume d'eau était constant *dans les mêmes conditions*, et nous ne devons pas oublier ce fait quand nous disons par exemple que le poids d'un centimètre cube d'eau est d'un gramme ; son poids n'est tel que quand le thermomètre centigrade marque quatre degrés, mais d'un autre côté, comme la contraction ou la dilatation de l'eau n'atteint guère que le 1/3000 de son volume par degré, le poids du centimètre cube d'eau peut toujours être pris pour un gramme en pratique.

32. — L'accroissement de chaleur finit par transformer l'eau en vapeur.

On effectue donc un changement dans les propriétés de l'eau en la chauffant si peu que ce soit. En la chauffant plus fortement, on y amène un changement plus grand encore. Vous savez ce qui arrive quand une casserole contenant de l'eau est placée sur le feu. L'eau devient de plus en plus chaude, commence à bouillonner et finit, en atteignant 100°, par se résoudre en vapeur qui passe dans l'air et s'évanouit. Si l'ébullition se poursuit assez longtemps, toute l'eau disparaît, comme si, au premier aspect, elle avait été détruite par la chaleur. En réalité cependant, pas une particule d'eau n'a été détruite. Elle n'a fait que changer d'état. La chaleur l'a fait passer de l'état d'eau liquide à celui d'eau gazeuse, de *vapeur*.

Faites la même expérience avec une bouilloire au lieu de casserole, en n'y mettant qu'un peu d'eau et en fermant hermétiquement le couvercle. Aussitôt que l'eau commence à bouillir, la vapeur jaillit par le bec et cela aussi longtemps qu'il reste de l'eau dans la bouilloire.

La vapeur, en sortant du bec, est si chaude qu'elle brûlerait vos doigts si vous les exposiez à son action ; mais vous pouvez vous assurer de sa haute température sans vous brûler, en y plongeant un bâton de cire à cacheter. La cire s'amollira comme elle le ferait devant le feu. De plus, si vous regardez à travers la vapeur, à l'instant même où elle quitte le bec, vous verrez qu'elle est tout à fait transparente. Ce n'est qu'à une petite distance du bec qu'elle perd sa transparence, se change en un nuage blanc opaque et s'évanouit rapidement dans l'air.

33. — La perte de chaleur transforme la vapeur en eau chaude.

Prenez maintenant une cuillère froide ou une assiette froide et placez-la devant le jet de vapeur un instant. Quand vous l'enleverez, vous la trouverez tout humide, couverte de gouttes d'eau chaude, et de plus la cuillère ou l'assiette froide sera devenue chaude. Si vous adaptez un long tuyau de métal froid au bec de la bouilloire, il ne sortira plus à l'extrémité de ce tuyau que de l'eau et non de la vapeur, tant que le métal ne sera pas échauffé.

La chaleur passe donc du feu dans la casserole ou la bouilloire et de là dans l'eau qu'elles contiennent. L'eau devient de plus en plus chaude, et, quand elle a absorbé une certaine quantité de chaleur, elle se transforme en vapeur d'eau. Quand la vapeur frappe l'assiette froide ou qu'elle passe à travers le tuyau froid, elle abandonne à l'assiette ou au métal du tuyau la chaleur qu'elle a prise. Ils absorbent la chaleur qui retenait l'eau à l'état de vapeur et la font revenir à l'état de liquide.

La vapeur et l'eau sont donc deux états d'une même chose, l'eau ; ce sont les effets de la quantité de chaleur absorbée par l'eau.

54. — Quand l'eau se transforme en vapeur, son volume devient environ 1700 fois plus grand.

Si vous pouviez mesurer et peser pour commencer l'eau de votre bouilloire, puis mesurer et peser toute la vapeur qui en provient, vous verriez que le volume de la vapeur est presque 1700 fois aussi grand que le volume de l'eau, quoique le poids de la vapeur soit exactement le même que celui de l'eau. Si vous aviez une petite capacité carrée, comme un dé, dont les dimensions intérieures seraient d'un centimètre sur toutes les faces, elle contiendrait un centimètre cube d'eau. En chauffant cette eau jusqu'à ce qu'elle soit entièrement changée en vapeur, cette vapeur occuperait 1, 7 décimètre cube, puisque ce volume représente 1700 centimètres cubes. Un centimètre cube d'eau pèse un gramme, et la vapeur en laquelle elle se transforme pèse exactement le même poids. Nous pouvons donc dire que la vapeur est de l'eau dilatée par la chaleur jusqu'à n'avoir plus qu'une densité 1700 fois plus faible que celle de l'eau. D'un autre côté, un litre de vapeur, en se refroidissant, se transforme en une quantité d'eau qui ne mesure que la dix-sept centième partie d'un litre, bien qu'elle pèse juste autant que le litre de vapeur. La vapeur s'est donc *condensée* au dix-sept centième de son volume d'eau.

La force d'expansion de l'eau convertie en vapeur est très grande. Si vous fermiez le bec de la bouilloire, la vapeur intérieure cherchant à se dilater, ferait sauter le couvercle et, si celui-ci était trop solidement fixé, la bouilloire elle-même. Vous avez plus d'une fois entendu parler de l'explosion des fortes chaudières de machines à vapeur.

35. — Les gaz ou fluides élastiques. — L'air.

Voici un flacon de verre avec un long col et le goulot ouvert. Si nous versons de l'eau par ce goulot jusqu'à ce qu'elle affleure le bord, nous disons que le flacon est plein d'eau. Si maintenant nous vidons cette eau, nous disons que le flacon est vide. Est-il bien vide ? Introduisez le flacon la tête en bas dans un bassin plein d'eau. S'il était vide, il n'y aurait pas de raison pour que l'eau ne puisse entrer dans le goulot et s'y tenir à la même hauteur qu'extérieurement. Si vous introduisez dans l'eau un tube de verre « vide », ouvert aux deux bouts, l'eau se tient au même niveau en dedans qu'en dehors; mais si vous posez le doigt sur le bout supérieur du tube, de façon à le convertir en vaisseau fermé, l'eau ne pénétrera plus par le bas qu'à une faible hauteur. De même, dans le cas du flacon, l'eau ne monte que très peu dans le goulot. Il y a donc quelque chose dans le tube « vide » comme dans la bouteille vide, quelque chose de matériel, puisqu'il occupe de l'espace et offre de la résistance. Effectivement, le flacon est plein de cette forme de la matière qu'on appelle l'*air* et dont une couche épaisse, l'*atmosphère,* enveloppe la terre. L'air a du poids, comme vous le verrez mieux plus tard, et cet air, en mouvement, peut transmettre ce mouvement aux autres corps au moyen des vents, qui ne sont que de l'air en mouvement.

L'air a par conséquent tous les caractères d'une substance matérielle. De plus c'est un fluide, car il se prête exactement à la forme de tous les vases qui le contiennent; ses particules se meuvent très facilement, car sans cela nous sentirions une résistance chaque fois que nous bougeons un membre; il « coule », comme on peut s'en assurer à chaque brise et chaque fois qu'on se sert d'un soufflet quand le courant sort du tuyau; enfin il exerce une pression dans tous les sens sur tous les objets qui y sont contenus.

Mais, quoique l'air soit un fluide, ce n'est pas un liquide. En premier lieu, il est très compressible. Nous avons vu dans l'expérience précédente que l'eau s'introduisait à une petite distance dans le tube ou dans le goulot de la bouteille. La raison en est que l'eau comprime l'air et le réduit à un volume plus petit. Un sac rempli d'air, un coussin à air ordinaire, peut être comprimé jusqu'à n'occuper plus qu'un volume beaucoup plus faible. Si vous manœuvrez une seringue pleine d'air, comme vous l'avez fait d'une seringue pleine d'eau, vous verrez, si le piston serre bien, qu'il peut être poussé jusqu'à une certaine distance et qu'il revient alors en arrière. L'air en effet n'est pas seulement compressible, c'est aussi un *fluide élastique* ou un *gaz*. La chaleur dilate l'air, comme il dilate l'eau; mais l'expansion de l'air pour le même degré de chaleur est beaucoup plus grande.

36. — La vapeur est un gaz.

D'après toutes les propriétés qui viennent d'être mentionnées, l'eau sous forme de vapeur est un fluide élastique ou un gaz, comme l'air.

Si l'on place dans le flacon dont nous venons de parler un peu d'eau, tout l'espace « vide » contiendra de l'air, Si l'on chauffe le flacon, l'eau finira par bouillir, et on verra des bulles de vapeur se former dans l'eau et crever à la surface. Peu à peu, l'air qui se trouvait d'abord au-dessus de l'eau sera chassé, et, si l'on continue à chauffer tout le flacon, la partie « vide » sera pleine d'eau gazeuse, transparente et incolore comme l'air. La vapeur, en s'échappant du goulot, garde encore cette transparence; mais elle se refroidit bientôt et se condense en un nuage de petites particules d'eau liquide.

La vapeur est plus légère que l'air et s'élève dans l'air, comme les corps qui sont plus légers que l'eau s'élèvent dans l'eau.

87. — Gaz et vapeurs.

L'air reste un gaz pendant l'hiver le plus froid comme dans l'été le plus chaud, mais il peut être liquéfié en le soumettant à la fois à une très basse température et à une pression extrêmement grande. Ainsi, la différence entre les gaz comme l'air, qu'on ne condense qu'avec une extrême dificulté, et les gaz comme la vapeur, qui se condensent facilement, n'est qu'une question de degré. Il est néanmoins assez convenable de distinguer sous le nom de *vapeurs* les gaz qui se condensent aisément. Dans ce que nous appelons ordinairement « la vapeur », toute l'eau dont elle est composée ne reste gazeuse qu'au-dessus de la température de l'eau bouillante, 100°. Refroidie si peu que ce soit au-dessous de ce point, la plus grande partie se condense en eau liquide chaude. Quoique cette forme particulière d'eau gazeuse que nous appelons vapeur n'existe qu'à la température de l'eau bouillante et au delà, nous devons cependant nous rappeler que l'eau peut exister à l'état gazeux jusqu'au point de congélation.

Supposons qu'au moment où notre flacon bouillant ne contient plus que de l'eau et de la vapeur, nous le bouchions et que nous enlevions la lampe. Aussi longtemps que la température de l'ensemble reste au point d'ébullition, chaque centimètre cube de vapeur pèse 1/1700 de gramme.

Admettons que la capacité du flacon, sans tenir compte de l'eau liquide, soit d'un décimètre cube. Alors, l'eau gazeuse qu'il contient pèsera 1000/1700 de gramme ou 0,59 gramme. Si on laisse refroidir le flacon, une quantité de plus en plus grande d'eau gazeuse se condense à l'état liquide, mais jusqu'au point de congélation, une certaine portion d'eau reste à l'état gazeux et remplit la partie du flacon non occupée par l'eau liquide. Comme le poids réel de l'eau dans le même volume de gaz va toujours en diminuant avec la température, il en résulte que la densité ou la pesanteur spécifique doit également décroître avec la température. De plus, tandis qu'au point d'ébullition l'eau gazeuse ou la vapeur résiste à la compression exactement avec la même force que l'air, elle devient de plus en plus compressible à mesure que la température s'abaisse.

Supposons qu'un sac élastique soit fixé au bec d'une bouilloire pleine d'eau bouillante. Si le sac était tenu aussi chaud que l'eau elle-même, il se distendrait entièrement et conserverait sa forme, malgré la pression de l'air sur toute sa surface. Le sac, enlevé de la bouilloire, demeurerait tendu aussi longtemps qu'il resterait aussi chaud que l'eau bouillante; mais, en se refroidissant, il s'aplatirait peu à peu sous la pression de l'air extérieur, comprimant la vapeur gazeuse de moins en moins résistante. Si l'on débouche le flacon quand il est refroidi, l'air s'y précipite avec grande violence.

38. — L'évaporation de l'eau à la température ordinaire.

Lorsque l'on verse de l'eau dans une soucoupe et qu'on la laisse séjourner même dans une salle froide ou à l'air libre, vous savez qu'elle finit tôt ou tard par disparaître. Des linges mouillés, pendus à une corde, sèchent rapidement, c'est-à-dire que l'eau qu'ils contiennent disparaît ou *s'évapore*. La disparition de l'eau dans ces circonstances résulte de la propriété qui vient d'être mentionnée. Elle se transforme en eau gazeuse d'une densité appropriée à la température, et, comme telle, elle se mélange avec l'air, comme le ferait tout autre gaz. Comme la mer, les lacs et les rivières introduisent constamment de l'eau gazeuse dans l'air en proportion de la température, il n'est pas étonnant que l'atmosphère contienne toujours de l'eau gazeuse.

On dit que l'air est humide quand le poids d'eau, dans une quantité donnée, se rapproche d'aussi près que possible de celui qui peut exister à l'état de gaz pour cette température. Dans ces circonstances, si la température s'abaisse de si peu que ce soit, une partie de l'eau gazeuse se transforme en eau liquide. Nous en avons la preuve par les temps chauds et humides, quand l'extérieur d'une carafe d'eau fraîchement tirée se recouvre immédiatement de rosée. L'eau gazeuse en contact immédiat avec la carafe se refroidit en dessous du point où elle peut tout entière exister comme gaz, et le superflu se dépose en rosée. Ces jours-là les linges mouillés ne sèchent pas, parce qu'il y a déjà dans l'atmosphère à peu près autant d'eau gazeuse que la somme de chaleur indiquée par le thermomètre peut en maintenir dans cet état.

39. — Quand l'eau se refroidit, elle se contracte d'abord et se dilate ensuite.

Nous avons vu quel étonnant changement apporte la chaleur dans l'eau. D'abord elle se dilate peu à peu et légèrement; mais, en atteignant le point d'ébullition, elle se dilate tout à coup énormément, cesse d'être un liquide et devient un gaz.

D'autre part, si on laisse refroidir de l'eau chaude, elle se contracte graduellement jusqu'au moment où elle atteint la température ordinaire de l'air par un temps doux. Si le temps est très froid ou si on la refroidit artificiellement, l'eau continue à se contracter, mais seulement jusqu'à une certaine température (4°), au-dessous de laquelle elle se dilate de nouveau. Par cette particularité, l'eau diffère de tous les autres corps qui sont fluides aux températures ordinaires. Cette température de 4° est celle à laquelle l'eau pure possède sa plus grande densité ou pesanteur spécifique, elle est à cette température plus pesante, à volume égal, que la même eau à toute autre température.

Par conséquent, si l'eau du dessus d'un vase est refroidie à cette température, elle tombe au fond et si l'eau du fond d'un vase est refroidie au-dessous de cette température, elle remonte à la surface.

40. — L'eau refroidie davantage encore se change en glace solide et transparente.

Si nous laissons notre verre d'eau à la porte par une froide nuit d'hiver, il se refroidira peu à peu jusqu'à prendre la température de 4° environ. En dessous de ce point, l'eau ainsi refroidie s'accumulera peu graduellement à la surface en raison de sa moindre densité, et sa température s'abaissera jusqu'à ce que le thermomètre qu'on y plonge marque 0°. Aussitôt que cette eau superficielle se refroidit quelque peu au-dessous de 0°, une pellicule semblable à du verre se forme à la surface par la conversion de l'eau fluide la plus froide en eau solide ou en *glace*. Si toute la masse d'eau se refroidit au même degré, elle se change peu à peu en cette même espèce de substance.

Dans cette condition, l'eau est solide. Elle occupe de l'espace, offre de la résistance, a du poids et transmet le mouvement, comme le faisait l'eau liquide; mais, si vous la détachez du verre dans un endroit froid, elle conserve sa forme sans le moindre changement. Si vous exercez sur elle une pression, elle se montre excessivement dure et résistante; la pression augmentant, elle s'écrase et se brise comme du verre. Elle peut ainsi se réduire en poudre et cette poudre s'entasser comme du sable.

De même qu'une quantité de vapeur a exactement le même poids que l'eau qui l'a formée sous l'action de la chaleur, de même la glace a exactement le même poids que l'eau qui l'a formée grâce à la disparition de la chaleur.

41. — La glace a une pesanteur spécifique plus faible que l'eau dans laquelle elle se forme.

Quoique la glace qui se trouve dans le verre ait le même poids qu'avait l'eau, elle n'a pas le même volume. La dilatation, commencée à

4°, se continue, et, quand l'eau passe à l'état solide, son volume est d'environ 1/11 plus grand qu'il ne l'était à 4°. En prenant pour unité l'eau à cette température, la glace a une pesanteur spécifique de 0,916.

Quoique l'eau, en se congelant, ne se dilate que dans cette faible proportion, elle ressemble à la vapeur par la force prodigieuse qu'elle déploie. Si vous remplissez entièrement d'eau un obus et qu'après l'avoir vissé à fond vous le placiez dans un endroit froid où l'eau puisse geler, l'enveloppe de fer se brisera sous l'effort de l'eau. Vous savez que pendant un dur hiver les tuyaux qui amènent l'eau dans les maisons crèvent souvent. La cause en est que l'eau qu'ils contiennent se gèle et fait éclater le tuyau, dont elle ne peut sortir, comme vous déchireriez un habit trop étroit pour vous. Sur les sommets dénudés des montagnes, sur les parois des falaises exposées aux intempéries du temps, les roches les plus massives et les plus dures sont chaque hiver fendues et brisées comme par le travail d'un carrier. Pendant l'été, l'eau de pluie s'introduit dans les fissures de la pierre et s'y loge. L'hiver arrive alors avec son froid, gèle l'eau, et celle-ci fait éclater les roches, comme elle crève nos tuyaux de conduite.

42. — Le givre est l'eau gazeuse de l'atmosphère condensée et convertie en cristaux de glace.

En hiver, vous remarquez souvent, par les nuits froides et claires, que les toits des maisons et les arbres sont couverts d'une poudre blanche qu'on appelle *givre*, et, lorsque vous vous éveillez, vous voyez sur les vitres de votre chambre de beaux dessins, semblables à des plantes délicates. Si vous prenez un peu de ce givre ou si vous grattez cet enduit qui fait ressembler votre fenêtre à une glace dépolie, vous verrez qu'il fond dans votre main et se change en eau. C'est en réalité de la glace. Si vous examinez les dessins de la fenêtre avec un verre grossissant, vous verrez qu'ils sont faits de fragments de glace qui ont une forme définie et sont disposés en lignes régulières. Chacun de ces morceaux de glace à forme définie a été formé de la façon suivante : L'air de la chambre est beaucoup plus chaud que celui du dehors, et il renferme, provenant de la respiration et de l'évaporation des surfaces humides, presque autant d'eau qu'il peut s'en maintenir à l'état gazeux à cette température. Les vitres, à cause de leur faible épaisseur, sont refroidies par l'air extérieur, et naturellement l'eau gazeuse de la chambre, quand elle arrive en contact avec les vitres froides, se condense sur elles en fines gouttes d'eau froide. Les vitres devenant de plus en plus froides, ces gouttes fines finissent par se geler, et l'eau non seulement devient solide, mais se *cristallise*, c'est-à-dire que les petites masses solides prennent des formes géométriques plus ou moins régulières avec des faces planes, inclinées les unes sur les autres suivant des angles constants, de façon à ressembler à des morceaux de verre coupés suivant un modèle fixe et particulier. La glace est d'ailleurs toujours cristalline; mais, dans celle qui se forme dans les fortes épaisseurs d'eau, les cristaux sont tellement entassés qu'on ne peut plus les distinguer isolément.

43. — La glace, chauffée, commence à revenir à l'état liquide aussitôt que la température atteint 0°.

Un morceau de glace pris en plein air par un temps très froid peut avoir une température de — 10° ou moins encore. Si l'on apporte ce morceau dans une chambre chaude, il s'échauffe graduellement, mais ne subit pas d'autre changement jusqu'à ce qu'il atteigne 0°. Il commence alors à fondre et reste à 0° aussi longtemps qu'il fond; l'eau qui en provient a la même température.

Si vous jetiez un morceau de glace au milieu d'un feu ardent, aussi longtemps qu'une particule de glace subsisterait, il garderait la température de 0° et pas plus. Ce fait est exactement parallèle à celui qu'on observe quand on élève l'eau au point d'ébullition. Aussi longtemps qu'il reste de l'eau non convertie en vapeur, elle ne s'échauffe plus. La vapeur elle-même reste d'abord à 100°.

44. — La glace solide, l'eau liquide et la vapeur gazeuse sont trois états d'un même objet naturel, chaque état dépendant d'une certaine somme de chaleur.

La glace, l'eau et la vapeur sont trois choses aussi dissemblables que possible. Qu'entendons-nous en disant que ce sont des états d'une même substance, l'eau?

Nous entendons par là que si nous prenons une quantité donnée d'eau, un centimètre cube par exemple, et que nous la changions en glace d'abord, puis en vapeur, il y a quelque chose qui reste identique à travers tous ces changements. Ce quelque chose est d'abord le poids de la substance matérielle. L'eau pèse un gramme, la glace en laquelle elle se transforme pèse un gramme, la vapeur qui en provient pèse un gramme. En second lieu, la même force ferait se mouvoir avec la même rapidité la glace, l'eau et la vapeur, et celles-ci, une fois mises en mouvement exerceraient le même effet sur tout objet mobile contre lequel elles se heurteraient.

En troisième lieu, la chimie nous apprend que la glace, la vapeur et l'eau contiennent le même poids de deux mêmes gaz, l'*oxygène* et l'*hydrogène*, et rien autre. Chaque centimètre cube d'eau, chaque 1700 centimètres cubes de vapeur, chaque 1,091 centimètre cube de glace contiennent 1/9 d'hydrogène, 8/9 d'oxygène et rien d'autre.

Comme il n'y a pas la plus légère différence de poids entre une quantite donnée d'eau et la glace ou la vapeur à laquelle elle peut donner naissance, il est clair que la chaleur qui est ajoutée ou retranchée à l'eau pour amener ces différents états ne possède aucun poids. Si la chaleur est un corps matériel, elle doit donc être privée de poids; aussi l'appela-t-on autrefois une substance *impondérable*. On voyait en elle une espèce de fluide appelé *calorique*, ne possédant aucun poids et qui séparait les particules des corps où il pénétrait quand on les chauffait, et les laissait se rapprocher quand il en sortait pendant leur refroidissement.

45. — Les phénomènes de la chaleur sont les effets d'un mouvement rapide des particules de la matière.

Une chose est cependant certaine : la chaleur peut être produite par le mouvement. Tous les enfants savent qu'un bouton de métal peut devenir très chaud par le frottement. Un habile forgeron peut faire rougir un morceau de fer à coups de marteau. Les essieux des roues peuvent devenir rouges par le frottement sur les supports s'ils ne sont pas bien graissés. Deux morceaux de glace peuvent même se fondre en les frottant l'un contre l'autre. Beaucoup d'autres raisons encore font croire que la sensation que nous appelons chaleur et tous les phénomènes que nous attribuons à la chaleur sont les effets du mouvement rapide de la matière.

Cependant un corps en repos peut s'échauffer sans montrer la moindre apparence de mouvement. La surface de l'eau à 100° est tout aussi unie que celle de la même eau à 0°. Que signifie donc cette affirmation que la chaleur est une espèce de mouvement et que plus il y a de chaleur dans un corps, plus il y a de mouvement dans ce corps?

La réponse à cette question, c'est que le mouvement qui cause les phénomènes de la chaleur n'est pas un mouvement visible de toute la masse du corps chaud, mais un mouvement des *particules* individuelles dont il est composé. Chaque particule se meut, non pas droit devant elle, mais en avant et en arrière dans le même espace, de sorte que son mouvement peut être grossièrement comparé à celui d'un pendule ou à celui du balancier d'une montre. C'est en réalité une sorte de mouvement *vibratoire*, chaque vibration ayant lieu sur une très petite distance et avec une extrême rapidité. La sensation de chaleur est causée par les mouvements vibratoires des particules de la matière, exactement comme le son. Les branches d'un diapason vibrent certainement quand il résonne, car on peut même le voir quand la note est basse. Si vous appliquez l'oreille à l'extrémité d'une longue pièce de bois à l'autre bout de laquelle est placé un diapason, le mouvement vibratoire de celui-ci se communiquera aux particules du bois et s'entendra distinctement. Pendant tout le temps que le son est perçu, les particules du bois sont en vibration. Cependant le bois, comme un tout, ne se meut point; mais ses particules se balancent en avant et en arrière sur un espace si petit que leur mouvement est imperceptible.

Que sont donc ces *particules* de la matière qui, par leur vibration, donnent naissance aux phénomènes de la chaleur?

46. — La structure de l'eau.

Nous avons vu que l'eau pure est parfaitement claire et transparente. L'œil nu ne peut discerner aucune différence entre une de ses parties et l'autre. En d'autres termes, elle n'a pas de texture ou de *structure* visible. Il ne s'ensuit pas qu'elle n'en possède réellement aucune, car il existe beaucoup de choses qui paraissent bien *homogènes* et qui révèlent cependant une structure quand on les examine avec un verre grossissant. Ainsi, la surface d'une feuille de beau papier blanc semble à l'œil parfaitement unie et douce; mais une lentille de force ordinaire fait voir les petites fibres ligneuses dont le papier est composé; sous un microscope puissant, le papier ressemble à un paillasson grossier.

Si nous posons cependant une petite goutte d'eau sur une glissière comme celles dont on se sert pour les objets microscopiques et que nous la recouvrions d'un verre mince de façon à l'étaler en une pellicule qui n'a peut-être pas 1/400 de millimètre d'épaisseur, on peut l'examiner avec les moyens les plus puissants de grossissement dont nous disposons sans qu'elle cesse d'être complètement homogène, sans y découvrir aucune trace de particules séparées. Il n'est pas prouvé par là cependant que l'eau ne soit pas faite de parties isolées, de particules séparées distinctement les unes des autres. On peut dire seulement que les particules sont tellement petites qu'elles ne peuvent être distinguées même par des microscopes qui grossissent de quatre ou cinq mille diamètres.

Il est certain que les corps solides peuvent se diviser en particules si petites que les meilleurs microscopes n'en découvrent pas de trace. Le mastic-résine ne peut être dissous dans l'eau, mais se dissout rapidement dans l'alcool concentré; le vernis de mastic est une solution alcoolique de résine.

Si vous ajoutez de l'eau au vernis, l'alcool s'empare de l'eau, et le mastic *se précipite* sous forme d'un solide caillebotté composé de particules blanchâtres très visibles. Si l'on ajoute une goutte de vernis à une certaine quantité d'eau, une demi-pinte par exemple, et qu'on remue bien le mélange, le mastic, quoiqu'il se présente encore comme un précipité solide, est dans un état d'extrême division. Aucune particule solide de mastic n'est visible à l'œil nu, mais l'eau prend une teinte laiteuse peu prononcée.

Cet aspect laiteux provient de la présence des particules solides de mastic disséminées dans l'eau, et cependant, si l'expérience est convenablement faite, on peut en examiner une goutte, comme tantôt, avec les plus fortes lentilles sans rien voir de ces particules. Aussi loin que la vision puisse atteindre, ce n'est qu'une goutte d'eau pure. Nos meilleurs microscopes peuvent nous montrer très distinctement des corps solides ayant 1/4000 de millimètre de diamètre, et probablement des particules solides opaques d'un volume beaucoup plus faible se révéleraient encore par un aspect trouble ou nuageux. Les particules de mastic doivent être par conséquent beaucoup plus petites encore pour rester invisibles. Il en résulte que, si l'eau était faite de particules séparées ou de gouttelettes ayant 1/40000 de millimètre de diamètre, offrant ainsi la structure d'une masse de plombs excessivement fins, aucun microscope construit jusqu'ici ne pourrait même nous révéler la trace de cette structure. Nous ne pourrions en obtenir aucune preuve directe.

47. — Suppositions ou hypothèses. Leur usage et leur valeur.

Quand nos moyens d'observation d'un fait naturel ne peuvent nous conduire au delà d'un certain point, il est parfaitement légitime et souvent extrêmement utile de faire une supposition sur ce que nous verrions si nous pouvions porter l'observation directe un pas plus loin. Une supposition de ce genre est ce qu'on appelle une *hypothèse*, et la valeur d'une hypothèse dépend du nombre de faits que le raisonnement, en admettant qu'il soit vrai, nous permet d'expliquer dans le cas du phénomène auquel il s'applique.

Ainsi, si quelque personne se tient derrière vous et que vous receviez subitement un coup dans le dos, vous n'avez aucune preuve directe de la cause du coup, et, si vous étiez seul, vous ne pourriez en obtenir aucune ; mais vous supposez immédiatement que cette personne vous a frappé. C'est là une hypothèse et une hypothèse légitime, d'abord parce qu'elle explique le fait et ensuite parce qu'aucune autre explication n'est probable, probable suivant le cours ordinaire de la nature. Si votre compagnon déclarait que vous avez rêvé ou que quel que esprit invisible vous a frappé, vous vous refuseriez sans doute à accepter cette explication du fait. Vous diriez que les deux hypothèses par lesquelles il entend expliquer les phénomènes sont extrêmement improbables, ou, en d'autres termes, que, dans le cours ordinaire de la nature, des fantaisies de ce genre ne se présentent pas, que les esprits ne s'amusent pas à frapper. En réalité, ses hypothèses seraient illégitimes, la vôtre serait légitime, et, selon toute probabilité, vous agiriez d'après la vôtre. Dans la vie de chaque jour, les neuf dixièmes de vos actions sont basées sur des suppositions ou des hypothèses, et votre succès dans les affaires pratiques dépend de la légitimité de ces hypothèses. Vous croyez un homme sur l'hypothèse qu'il est toujours véridique ; vous lui accordez du crédit sur l'hypothèse qu'il est solvable.

Ainsi donc, chacun invente et est réellement forcé d'inventer des hypothèses pour expliquer les phénomènes sur la cause desquels il n'a pas de témoignage direct. Elles sont aussi légitimes, aussi nécessaires dans la science que dans la vie ordinaire. Celui qui raisonne scientifiquement doit seulement se rappeler — chose qu'on oublie quelquefois dans la vie de chaque jour — qu'une hypothèse doit être regardée comme un moyen et non comme une fin; que nous devons nous y attacher aussi longtemps qu'elle nous aide à expliquer l'ordre de la nature et la rejeter sans hésitations aussitôt qu'elle se montre incompatible avec un point quelconque de cet ordre.

48. — Hypothèse. — L'eau est composée de particules distinctes (molécules).

Il a été indiqué que nous ne pouvons voir et même que nous n'avons pas grand espoir de pouvoir jamais voir les particules distinctes de l'eau, en admettant qu'elle soit composée de semblables particules. Il est cependant parfaitement légitime de supposer que l'eau est constituée de cette façon, si cette hypothèse nous permet d'expliquer ses propriétés.

Supposons que chaque portion d'eau liquide soit réellement composée d'un nombre prodigieux de particules d'un diamètre inférieur, et sans doute de beaucoup, à 1/40000 de millimètre. Nous pouvons désigner ces particules sous le nom de *molécules* [1].

Nous avons le droit, en nous basant sur les propriétés générales de la matière, de supposer que ces molécules tendent à se rapprocher les unes des autres. Mais le fait que l'eau est légèrement compressible justifie la supposition que ses molécules ne sont pas en contact absolu et qu'elles sont séparées par des intervalles, exactement comme les atomes de poussière dans l'air d'une chambre.

Qu'est-ce donc qui sépare ainsi les molécules? Nous avons vu qu'une grande pression mécanique ne les rapproche que fort peu les

1. Diminutif de *moles*, masse.

unes des autres; il y a donc une résistance équivalente quelconque qui les sépare. Cette résistance doit avoir la même origine que la sensation que nous désignons sous le nom de chaleur, car on a vu qu'une diminution de chaleur diminue le volume de l'eau, c'est-à-dire permet aux molécules de se rapprocher, ou diminue leur tendance à rester séparées. Un accroissement de chaleur, au contraire, augmente le volume de l'eau, c'est-à-dire qu'il augmente la distance entre les molécules, ou accentue leur tendance à rester séparées.

Si nous appelons *force d'attraction* la cause de la tendance des molécules d'eau à se rapprocher, et *force de répulsion* la cause de leur séparation, qui se manifeste à nous comme la sensation de chaleur, et n'est, selon toute probabilité, qu'un mouvement vibratoire ou rotatoire rapide des molécules, ces deux forces sont combinées de telle sorte dans l'état liquide que les molécules sont entièrement libres de se mouvoir sans pourtant se séparer.

En ajoutant de la chaleur, la force de répulsion s'accroît jusqu'à ce que les molécules soient environ douze fois plus éloignées les unes des autres dans tous les sens, tandis que la force d'attraction, vaincue, laisse fuir les molécules dans toutes les directions, pour autant qu'elles ne soient pas confinées. D'un autre côté, en enlevant de la chaleur, la force de répulsion diminue jusqu'à ce que les molécules deviennent inséparables et que l'eau prenne la forme solide.

Il est probable que la dilatation de l'eau liquide, à une température inférieure à 4°, dépend de ce que les molécules prennent un arrangement particulier en se rapprochant les unes des autres. Si soixante hommes sont formés en colonne sur quatre rangs, chaque homme étant à un pied de son voisin, ils peuvent, tout en se rapprochant, former un carré vide qui occupera plus d'espace qu'auparavant. Le fait que les molécules de l'eau adoptent un ordre particulier en prenant l'état solide est démontré par la forme cristalline de la glace. Chaque cristal de givre doit sa forme à l'arrangement de ses molécules suivant un dessin géométrique défini.

Ainsi donc, l'hypothèse que l'eau est composée de molécules séparées est utile, car elle nous aide en une certaine mesure à expliquer les propriétés de l'eau. L'étude de la physique et des lois du mouvement nous apprend qu'il n'est pas de limites aux vérités, établies par l'observation et l'expérience, qui peuvent s'expliquer par cette hypothèse. On peut donc parfaitement l'adopter et l'employer comme un moyen de nous représenter l'ordre de la nature, aussi longtemps qu'on ne découvre aucun fait incompatible avec elle.

49. — Toute matière est probablement composée de molécules ou d'atomes.

Les mêmes raisons qui conduisent à l'adoption de l'hypothèse que l'eau est composée de particules séparée justifient son extension à toutes les formes de la matière, quelle qu'elle soit.

On peut supposer par exemple que le métal *mercure* est fait de particules distinctes de mercure d'une petitesse extrême et qui, suivant la température, s'associent dans la forme solide (mercure gelé), liquide (mercure ordinaire) ou gazeuse (vapeur de mercure). Quel que soit le traitement auquel on soumette le mercure, nous ne pouvons rien y trouver que du mercure. Les particules du mercure n'ont jamais été brisées. Aussi les appelle-t-on généralement *atomes*, ou particules qui ne peuvent être divisées. Le mercure de son côté prend le nom d'*élément*, c'est-à-dire de substance qui ne renferme aucune autre substance.

Voilà un cas où il est très utile de distinguer entre le fait et l'hypothèse.

Le fait, c'est que jusqu'à ce jour personne n'a pu retirer du mercure pur autre chose que du mercure. Quant à l'affirmation que le mercure est un corps simple et que par conséquent on ne pourra jamais y découvrir d'autres substances, c'est une hypothèse que l'observation et l'expérience futures pourront ou non confirmer.

Il y a cent cinquante ans, on croyait universellement que l'eau était un élément aussi bien que le mercure; mais aujourd'hui on sait très bien que ce n'est qu'un composé. En fait, comme on l'a déjà vu, les particules de l'eau peuvent très rapidement se diviser, *se décomposer* — de quelle façon? la chimie nous l'apprend — en deux substances totalement distinctes, l'*oxygène* et l'*hydrogène*, qui sont gazeuses à toutes les températures connues, quoiqu'en combinant une énorme pression avec un froid extrême on les ait récemment liquéfiées. Chacun de ces gaz, d'après notre hypothèse, est composé de particules, et, puisqu'aucun moyen connu ne peut les diviser davantage, on leur donne le nom d'atomes, comme à celles du mercure.

Neuf parties en poids d'eau pure contiennent

toujours huit parties d'oxygène et une d'hydrogène. La particule hypothétique, ou molécule d'eau, doit donc être composée d'atomes d'oxygène et d'hydrogène ayant ce même poids relatif, et les chimistes sont fondés à croire qu'un atome d'oxygène et deux atomes d'hydrogène existent dans chaque molécule d'eau. S'il en est ainsi, la structure de l'eau doit être plus compliquée que nous ne le pensions d'abord et chaque particule d'eau, ou molécule, serait un système composé de trois atomes séparés.

50. — Les corps élémentaires ne se détruisent pas; leur quantité n'augmente pas dans la nature.

Nous avons vu que, lorsqu'un centimètre cube d'eau est dissipé par la chaleur, il n'est pas détruit, et qu'il n'a fait que changer de forme en passant de l'état liquide à l'état gazeux, tandis que son poids ne subit aucune altération. Si ce même centimètre cube d'eau est décomposé en gaz oxygène et hydrogène, l'eau à la vérité est détruite, mais la matière dont elle était faite conserve identiquement le même poids. Si l'eau pesait 9 grammes, l'oxygène pèsera 8 grammes et l'hydrogène 1 gramme. L'homme n'a pu encore affecter le poids d'une quantité donnée de l'un ou l'autre de ces gaz. Autant que nous sachions, les corps élémentaires conservent leur poids en toutes circonstances, et ce poids peut les faire reconnaître sous toutes les formes qu'ils peuvent prendre. Si la chose est vraie il en résulte que dans l'ordre naturel la matière est *indestructible;* elle ne peut ni augmenter ni diminuer.

Il en résulte aussi que les choses naturelles et les choses artificielles se ressemblent en un point. Chez toutes, la matière dont elles sont composées ne peut ni augmenter ni se détruire, et par conséquent, de même que l'ordre des événements dans le monde artificiel consiste à réunir ou à séparer des corps naturels au moyen d'agents humains, de même l'ordre des événements dans la nature consiste à réunir ou à séparer des corps naturels à l'aide d'agents naturels.

51. — Le mélange simple.

Il appartient à la chimie de vous apprendre de quelle façon l'eau se décompose en ses éléments; mais comme préliminaires à l'étude de cette science, il peut être utile de considérer quelques exemples de composition et de décomposition où l'eau joue un rôle.

Si l'on ajoute à une demi-pinte d'eau colorée à l'aide d'un peu d'encre la même quantité d'eau claire, les deux se mêleront rapidement ; la quantité totale d'eau sera d'une pinte, et sa couleur sera juste de moitié moins foncée que celle de la demi-pinte colorée. C'est le cas du *mélange* simple. Le volume du mélange est égal à la somme des volumes des choses mélangées, et il n'y a aucun changement dans les propriétés de ces choses.

Ainsi, quand l'eau s'évapore, l'eau gazeuse ou la vapeur se mélange avec l'air de la même façon; les molécules d'un des corps se dispersent entre les molécules de l'autre jusqu'à ce qu'il y ait partout la même proportion de chacun d'eux. De la même manière, le sable et le sucre peuvent se mélanger, — le cas ne se présente que trop souvent — sans qu'on puisse observer aucun changement soit dans leurs propriétés respectives, soit dans l'espace qu'ils occupaient primitivement.

D'un autre côté, l'huile et l'eau ne se mélangent pas avec quelque force qu'on les agite, et l'huile, plus légère, remonte à la surface dès qu'on laisse le liquide en repos. De même, le mercure et l'eau ne se mêlent pas, et le mercure, beaucoup plus lourd que l'eau, se précipite au fond du vase qui les renferme. Il en est de même encore pour le sable et la limaille de fer, qui sont plus lourds que l'eau et gagnent bientôt le fond. La glace en poudre, qui n'est pourtant que de l'eau sous une forme différente, ne se mélange pas à l'eau glacée; elle est plus légère qu'elle et flotte à sa surface.

52. — Mélanges suivis d'un accroissement de densité. — L'alcool et l'eau.

L'alcool est un liquide clair et transparent qui ressemble à l'eau, mais n'en est pas moins une substance fort différente. Par exemple, il bout à une température beaucoup plus basse, il brûle avec une flamme bleue, possède des propriétés toxiques, et, comme l'huile, il est beaucoup plus léger que l'eau. Si l'on verse doucement de l'esprit coloré à la surface de l'eau, il y reste suspendu. Prenons maintenant une mesure graduée en dix parties égales. Nous remplissons les cinq premières d'eau, et alors nous versons au-dessus, très doucement, de l'alcool concentré, coloré n'importe comment, jusqu'à ce que nous atteignions la dixième marque. Nous aurons au-dessous cinq volumes d'eau et au-dessus une quantité égale ou cinq volumes d'alcool coloré. A l'endroit du contact, la couleur se répand dans l'eau à une petite distance, montrant qu'il ne se produit qu'un mélange léger. Ce n'est pourtant pas que les deux liquides se mélangent avec difficulté, car, en les agitant légèrement, ils se mêlent complètement, et vous obtenez un liquide dont la couleur est de moitié moins intense que celle de l'alcool et dont les propriétés tiennent le milieu entre celles de l'alcool pur et de l'eau pure.

Jusqu'ici, il ne semble s'être rien produit de plus qu'un simple mélange, comme dans le cas de l'eau colorée et de l'eau pure; mais en réalité il est survenu quelque chose de plus. En premier lieu, le mélange est sensiblement plus chaud que ses deux constituants, c'est-à-dire que de la *chaleur* a été *engendrée*. En second lieu, si vous mesurez le volume de tout le liquide après qu'il s'est refroidi, il n'atteindra plus la marque 10, mais environ 9 3/4. Puisque le volume du mélange est moindre que les volumes de ses deux constituants, il en résulte que la *densité* du mélange doit être *plus grande* que la densité moyenne de l'eau et de l'alcool.

En d'autres termes, les molécules du mélange n'occupent pas le même espace que lorsqu'elles étaient séparées. Le résultat est le même que si les dix volumes avaient été comprimés jusqu'à n'occuper plus que neuf volumes trois quarts; il en résulte une contraction semblable à celle qu'amènerait dans le mélange la disparition d'une partie de sa chaleur. Comme nous l'avons vu, les mélanges abandonnent réellement une certaine quantité de chaleur.

Le mélange diffère encore de ses deux constituants à un autre point de vue. Il *bout* et il se *gèle* à une température beaucoup *plus basse* que l'*eau* et à une température *plus haute* que l'*alcool*. On n'est pas parvenu jusqu'ici à congeler l'alcool. Si les molécules de l'alcool étaient simplement disséminées parmi celles de l'eau, comme l'eau est disséminée dans le sable humide, elles devraient passer à l'état gazeux à la même température que l'alcool, et il serait très facile de séparer l'alcool par distillation. Il n'en est pas ainsi. L'alcool ne peut se retirer de l'eau par distillation qu'en ajoutant au mélange un corps qui ait beaucoup d'affinité pour l'eau, comme la chaux vive, de façon à retenir toute l'eau quand le liquide est chauffé.

Ainsi l'alcool et l'eau, mêlés, donnent naissance à un liquide qui n'est pas un mélange ordinaire, dont les propriétés sont connues quand nous connaissons les propriétés de ses constituants. C'est, en réalité, un corps nouveau dans lequel les molécules de l'eau et celles de l'alcool s'affectent mutuellement dans une certaine étendue et modifient les propriétés préexistantes de chacun des corps.

Cet effet des différents corps les uns sur les autres se manifeste beaucoup plus clairement quand l'eau se trouve en contact avec certains solides.

53. — La solution. — L'eau dissout le sel.

Si l'on jette une cuillerée de sel dans un verre d'eau froide en agitant l'eau, le sel échappe bientôt à la vue; après un certain temps, si nous en croyons du moins nos yeux, l'eau ressemble absolument à ce qu'elle était auparavant. Cependant, si l'eau du verre pesait d'abord cinq onces et le sel deux onces, l'eau pèsera maintenant sept onces et aura le goût du sel. On dit alors que le sel est *dissous*, et la *solution* s'appelle *saumure*. On dit de plus que la solution est *saturée*, car, si vous y ajoutez du sel, il reste intact. L'eau dissoudra les deux cinquièmes de son poids de sel et rien de plus. Si vous placez la saumure ainsi formée dans un vase ouvert de façon que l'eau puisse s'évaporer, ou si vous la chauffez de manière à chasser l'eau, une certaine quantité de sel, égale aux deux cinquièmes de l'eau, convertie en vapeur, retourne à l'état solide et tombe au fond du vase. Quand toute l'eau a disparu, le sel qui reste possède exactement le poids et toutes les autres propriétés qu'il avait avant d'être dissous par l'eau.

Le contact avec l'eau a donc eu un effet très singulier sur le sel. Il semble n'avoir changé qu'une seule des propriétés du sel, sa *solidité*, et avoir laissé toutes les autres intactes. Nous avons vu tout à l'heure que la glace pulvérisée ne se mélange pas avec l'eau glacée et que les fragments de glace restent solides. Du moment cependant où la température s'élève, la *cohésion* ou l'adhérence des molécules, qui est la caractéristique de l'état solide, disparaît ; elles reprennent leur liberté et se mélangent à l'eau environnante. Nous pouvons donc dire que les liens qui tenaient réunies les molécules du solide sont dissous, de sorte que l'eau solide devient liquide.

La ressemblance de cette opération avec la dissolution du sel dans l'eau est si évidente qu'en langage vulgaire on dit souvent qu'un morceau de sel ou de sucre *fond* dans l'eau; mais, si vous essayez de liquéfier du sel par la chaleur, vous devrez le soumettre à une température très élevée. Le passage du sel de l'état solide à l'état liquide par dissolution dans l'eau froide est donc évidemment une opération fort différente de la liquéfaction par la chaleur. Néanmoins le résultat est le même aussi longtemps qu'il ne s'agit que de l'état du sel. La cohésion entre ses molécules est détruite, et elles se distribuent uniformément parmi les molécules de l'eau, comme les molécules de vapeur se distribuent parmi les molécules de l'air. On prouve en chimie que la plus petite goutte de la solution de sel contient exactement la même proportion de sel que le tout.

Si on laisse s'évaporer lentement la saumure, les molécules du sel s'arrangent d'elles-mêmes, à mesure que l'eau les abandonne, en cristaux cubiques d'une régularité remarquable. Vous pouvez facilement les voir se former en suivant avec un microscope la dessiccation d'une goutte de saumure. Les cristaux de sel ne contiennent rien que du sel. Chauffés au rouge, ils passent à l'état liquide; chauffés plus loin encore, le liquide se transforme en vapeur ou en gaz, et, comme tel, il passe dans l'air et se *volatilise.*

Nous voyons donc que, lorsque le sel et l'eau sont en contact, le sel subit un certain changement, et que l'eau de son côté ne reste pas inaltérée. La saumure ne bout plus à 100° et exige une température beaucoup plus élevée. Le sel retient pour ainsi dire l'eau et l'empêche de prendre la forme gazeuse dans les mêmes conditions que si elle était pure, de même que dans le cas précédent l'eau retenait l'alcool. Nous pouvons dire aussi que la chaleur qui sépare les molécules de l'eau liquide, quand la vapeur se forme, doit supporter une plus grande résistance quand le sel est dissous dans l'eau. De même que présence de l'alcool abaisse le point de congélation de l'eau à laquelle il est mêlé, la présence du sel abaisse le point de congélation de l'eau. L'eau de mer, qui est une saumure faible gèle à 2°, 7 environ au-dessous de zéro, et la glace qu'elle forme est tout à fait pure, tandis que le reste de l'eau de mer devient plus riche en sel.

Si nous entendons par attraction ce qui s'oppose à toute force qui tend à séparer les corps, nous pouvons dire que les molécules de sel et les molécules d'eau s'attirent mutuellement. Ce genre d'attraction entre des molécules de matière de différentes espèces s'appelle *attraction chimique.*

54. — La chaux vive et l'eau. — Le plâtre et l'eau. — Combinaison.

La chaux est une substance obtenue en chauffant au rouge de la craie ou du calcaire. Quand elle est pure, c'est un solide blanc et dur qui exige pour passer à l'état liquide et à l'état gazeux d'énormes températures. Si vous versez sur un morceau de chaux nouvelle environ le tiers de son poids d'eau, il se produit une vive effervescence, de la chaleur se dégage, l'eau disparaît, et la chaux se réduit en une fine poudre blanche. Les maçons appellent cette opération *éteindre* la chaux. Si l'on s'en tient à la proportion d'eau indiquée, la poudre blanche qui en résulte sera solide et sèche, sans aucune apparence d'eau.

Dans la solution de sel nous avons vu un solide devenir liquide sous l'influence de l'eau ; dans l'extinction de la chaux, l'eau liquide entre dans la structure d'un solide. Si on ajoute de l'eau, ce solide se dissout ou devient liquide, comme le sel, et la solution s'appelle *eau de chaux*. A l'aide d'une évaporation bien conduite, on peut faire reparaître la chaux sous forme de cristaux, comme on l'a fait pour le sel, mais avec cette différence que les cristaux de sel ne contiennent pas d'eau, tandis que les cristaux de chaux en contiennent et justement dans la même proportion que la chaux éteinte, c'est-à-dire 18 parties d'eau pour 56 parties de chaux.

L'eau qui s'associe de la sorte à la chaux pour former un solide nouveau y adhère si fermement qu'il faut la chaleur rouge pour les séparer. On dit que la chaux et l'eau sont *chimiquement combinées*, et, comme la proportion de chaux et d'eau dans la chaux éteinte ou dans les cristaux de chaux est toujours la même, on dit qu'elles sont combinées en *proportions définies*, et la chaux éteinte reçoit le nom spécial d'*hydrate de chaux*.

Le *gypse* ou *plâtre de Paris* est une poudre blanche et sèche. Si on le mélange avec un peu d'eau, il ne s'éteint pas à la manière de la chaux vive, mais le mélange *se prend* bientôt ou devient dur, en même temps que la plus grande partie de l'eau disparaît. En un mot, elle s'est combinée avec le plâtre et fait partie d'un autre hydrate dans lequel, quand l'excès de liquide a disparu, on ne distingue aucune trace d'eau. C'est de cette propriété qu'on profite quand on se sert du plâtre pour faire des empreintes et des moules. Le plâtre liquide est versé tout autour du corps à mouler et s'adapte à toutes les inégalités de sa surface. Il se prend alors et garde la forme qu'il a ainsi acquise. Le plâtre de Paris durci peut être parfaitement sec; mais il contient cependant entre le septième et le huitième de son poids d'eau fixe, formant partie intégrale de l'hydrate solide. Si le plâtre durci est fortement chauffé, l'eau de combinaison s'échappe, et il retourne à son état originel.

On trouve le gypse en abondance dans la nature sous forme de beaux cristaux transparents qu'on appelle *sélénite*. Ces cristaux ont la même composition que le plâtre durci, c'est-à-dire que ce sont des hydrates. Une lamelle mince d'un de ces cristaux, examinée avec le microscope le plus puissant, paraît parfaitement homogène. On a cependant de bonnes raisons de conclure qu'elle est composée de molécules d'eau et de molécules de gypse qui adhèrent si fortement les unes aux autres qu'elles forment un solide dur, cassant et vitreux. De plus, les molécules de l'hydrate lui-même résistent plus fortement dans certaines directions que dans d'autres. Il est très facile de fendre les cristaux dans le sens de leur longueur, tandis qu'il faut beaucoup plus de force pour les diviser en travers. Dans ce dernier cas, ils se brisent sans se déliter.

Le sel de Glauber et le sel d'Epsom sont d'autres exemples de solides qui se dissolvent dans l'eau et s'en séparent sous forme cristalline quand l'eau s'évapore. Comme la chaux et le gypse, ils se combinent à une proportion d'eau définie pour former des composés cristallins. De fait, chacun de ces solides vitreux et fragiles renferme plus de la moitié de son poids d'eau.

Nous voyons ainsi que deux corps, dont l'un est l'eau, peuvent se combiner pour donner naissance à quelque chose qui diffère entièrement des deux. Nous arrivons ainsi au seuil de la *chimie*, qui nous enseigne exactement comment les corps se combinent, ce qui résulte de leur combinaison et la manière de diviser les composés en leurs éléments.

55. — Les corps minéraux peuvent prendre des formes définies et augmenter de volume par l'addition de parties semblables.

L'eau et tous les autres corps naturels mentionnés jusqu'ici sont ce qu'on appelle des *corps minéraux*, quoique dans l'usage le terme de minéral soit d'ordinaire réservé aux minerais et aux métaux. Nous avons eu à plusieurs reprises l'occasion de remarquer que dans certaines circonstances non seulement l'eau mais beaucoup d'autres corps minéraux prennent des formes régulières. L'exemple le plus familier est celui de la belle imitation de feuilles et de branches que présente la glace en hiver sur nos fenêtres. Nous avons vu également que le sel commun, la chaux, le gypse, le sel de Glauber et le sel d'Epsom prennent aussi la forme cristalline quand ils se séparent, seuls ou combinés avec l'eau, de leur solution. Si l'on fait évaporer sous le microscope une goutte d'une solution de sel de Glauber ou de salpêtre, on assiste à un spectacle merveilleux. A mesure que le sel prend l'état solide les cristaux apparaissent subitement dans le champ visuel sous forme d'aiguilles et de lamelles disposées en dessins merveilleux et qui rivalisent avec ceux du givre, quoiqu'ils en diffèrent complètement. Si vous étudiez la *cristallographie,* vous apprendrez que chaque substance cristallisable a ses formes cristallines propres et ne se départit jamais de certaines figures géométriques nettement définies.

Un cristal de l'une ou de l'autre de ces substances *grossira* s'il est placé dans des conditions convenables. Ainsi, si l'on suspend un cristal de sel commun à l'aide d'un fil dans une solution de sel saturée exposée à l'air de façon que l'eau s'évapore lentement, les molécules du sel, qui demeure en arrière et ne peut plus rester en solution, se déposent d'elles-mêmes sur le cristal suivant un ordre régulier et augmentent son volume sans changer sa forme. Le petit cristal peut de cette façon acquérir un grand volume. Les gros cristaux de sucre candi, formés de sucre et d'eau, qui se déposent dans les solutions de sucre saturées, grossissent de la même façon sur des fils suspendus dans le sirop qui s'évapore. Vous observez que le grossissement s'effectue par addition à l'extérieur du corps et que de plus la matière qui vient s'ajouter, le sel ou le sucre par exemple, existe déjà comme sel dans la saumure ou comme sucre dans le sirop.

II

LES CORPS VIVANTS

56. — La plante de blé et les substances dont elle est composée.

Tout le monde a vu un champ de céréales. Si vous cueillez une des innombrables *plantes de blé* qui sont fixées dans le sol de ce champ au moment de la récolte, vous trouverez qu'elle est faite d'une tige qui se termine en *racine* d'un côté, en *épi* de l'autre, et que des *feuilles* sont attachées le long de la tige. L'épi renferme une multitude de grains ovales qui sont les *semences* de la plante. Vous savez que ces semences, dépouillées de ce qui les enveloppe, sont moulues en poudre fine dans des moulins, et que cette poudre est la *farine* dont on fait le pain. Si l'on enferme une poignée de cette farine mélangée à un peu d'eau froide dans un sac de toile grossière et qu'on place ce sac dans un grand vase plein d'eau où on le pétrit avec les mains, la farine devient pâteuse et l'eau blanchâtre. Si l'on vide cette eau et qu'on continue à pétrir la farine avec de l'eau fraîche, le même fait se produit. Après plusieurs opérations semblables, la pâte devient de plus en plus visqueuse, tandis que l'eau devient chaque fois moins blanche et finit par rester claire. La substance visqueuse ainsi obtenue s'appelle *gluten;* dans le commerce, c'est la substance connue sous le nom de *macaroni.*

Si on laisse reposer pendant quelques heures l'eau dans laquelle la farine a été ainsi lavée, on trouvera au fond du vase un sédiment blanc recouvert d'un liquide incolore. Ce sédiment blanc est formé de grains fins d'*amidon,* dont chacun, si on l'examine au microscope, possède une structure en lamelles concentriques. Le liquide où l'amidon s'est déposé devient trouble si on le soumet à l'ébullition, comme le fait du blanc d'œuf délayé dans l'eau, et parfois une substance blanchâtre granuleuse se rassemble au fond du vase. Cette substance s'appelle *albumine végétale.*

Outre l'albumine, le gluten et l'amidon, le grain de blé renferme encore d'autres substances sur lesquelles cette méthode grossière d'analyse ne nous donne aucune information. On y trouve par exemple une matière ligneuse, la *cellulose*, et une certaine quantité de *sucre* et de *graisse*. On pourrait obtenir une substance semblable à l'albumine, à l'amidon, à la saccharine, aux matières graisseuses et à la cellulose en traitant de la même façon la tige, les feuilles et les racines; mais alors la cellulose serait en proportion beaucoup plus forte. La *paille*, formée de la tige et des feuilles séchées de la plante de blé, est presque entièrement composée de cellulose. Elle renferme en outre, cependant, une certaine proportion de corps minéraux parmi lesquels le silex pur ou *silice;* s'il vous arrive de voir brûler une meule de grains, vous trouverez plus ou moins de cette silice à l'état vitreux dans les cendres. Dans les plantes vivantes, tous ces corps sont combinés à une large proportion d'eau, ou bien ils sont dissous ou suspendus dans ce liquide. La quantité relative d'eau est beaucoup plus grande dans la tige et les feuilles que dans la semence.

57. — Le coq commun et les substances dont il est composé.

Tout le monde a vu un coq. C'est une créature active, qui court çà et là et vole parfois. Il possède un corps couvert de plumes, muni de deux ailes et de deux pattes et finissant d'un côté par un cou qui se termine par une tête avec un bec entre les deux parties duquel la bouche est placée. La poule pond des œufs dont chacun est enfermé dans une coquille dure. Quand on brise un œuf, le contenu s'écoule, et on voit qu'il est formé du « blanc » incolore et glaireux et du « jaune ». Si l'on recueille le blanc dans de l'eau et qu'on le chauffe, il devient trouble et forme un solide blanc qui ressemble fort à l'albumine végétale et qu'on appelle *albumine animale.*

Si le jaune est battu avec de l'eau, on n'en obtient ni amidon ni cellulose, mais beaucoup de matière graisseuse et un peu de matière saccharine, ainsi que des substances plus ou moins semblables à l'albumine et au gluten.

Les plumes du coq sont principalement composées de corne; si on les arrache et qu'on fasse bouillir longtemps le corps, l'eau contiendra une certaine quantité de *gélatine* qui se prend en gelée en se refroidissant. Le corps alors tombe en pièces; les os et la chair se séparent. Les os sont presque entièrement formés d'une substance qui, lorsqu'on la fait bouillir dans l'eau, fournit de la gélatine imprégnée d'une grande quantité de sels de chaux, comme le bois de la tige de blé est imprégné de silice. La chair, de son côté, contient de l'albumine et quelques autres substances ressemblant fort à l'abumine, appelées *fibrine* et *syntonine.*

Dans l'oiseau vivant, tous ces corps sont unis à une grande quantité d'eau, ou bien ils sont dissous ou suspendus dans l'eau. On doit remarquer qu'il existe dans le corps de l'oiseau et dans l'œuf divers autres éléments que nous ne mentionnons pas, parce qu'ils n'ont pas d'importance ici.

58. — Certains éléments du corps se ressemblent fort dans le coq et dans la plante de blé.

La plante de blé ne contient ni corne ni gélatine; le coq ne contient ni amidon ni cellulose; mais l'albumine de la plante ressemble beaucoup à celle de l'animal, et la fibrine et la syntonine de l'animal sont des corps liés de très près à l'albumine et au gluten.

Qu'il y ait une ressemblance étroite entre tous ces corps, la chose est évidente, par ce fait que, quand on les chauffe fortement ou qu'on les laisse se putréfier, tous répandent la même odeur désagréable. L'analyse chimique a d'ailleurs montré qu'ils sont tous, en réalité, composés des mêmes éléments, le *carbone*, l'*hydrogène*, l'*oxygène* et l'*azote*, combinés à très peu près dans les mêmes proportions. Le *charbon de bois*, qui est du carbone impur, peut s'obtenir en chauffant fortement soit une poignée de grains, soit un morceau de chair de coq dans un vase d'où l'air est exclu pour empêcher le blé ou la viande de brûler. Si le vase était un alambic, de sorte que les produits de cette *distillation*, comme on l'appelle, fussent condensés et réunis, nous trouverions dans le récipient de l'eau et de l'ammoniaque, sous une forme ou l'autre. Or l'ammoniaque est un composé des deux corps élémentaires, l'azote et l'hydrogène; par conséquent, l'azote et l'hydrogène devaient être contenus tous deux dans les corps d'où l'ammoniaque est dérivée.

Il est donc certain que des composés azotés

ayant entre eux beaucoup de ressemblance forment une grande partie des corps de la plante de blé et du coq, et ces corps s'appellent protéides.

59. — Les substances protéides ne se rencontrent dans la nature que chez les animaux et les plantes. Les animaux et les plantes en contiennent toujours.

C'est un fait très remarquable que non seulement des substances telles que l'albumine, le gluten, la fibrine et la syntonine soient exclusivement connues comme des produits des corps animaux et végétaux, mais aussi que toute plante, tout animal, dans toutes les périodes de son existence, en contienne l'une ou l'autre, quoique sous d'autres rapports la composition des corps vivants puisse varier à l'infini. Ainsi, certaines plantes ne contiennent ni amidon ni cellulose, tandis que ces substances se rencontrent chez quelques animaux; beaucoup d'animaux ne renferment ni matière cornée ni substance gélatineuse. La matière qui semble être *essentielle* à la fondation de l'animal et de la plante est donc la substance *protéide* unie à *l'eau,* quoiqu'il soit probable que, dans toutes les plantes et dans tous les animaux, elle soit associée à plus ou moins de substances *graisseuses* et *amyloïdes* et à de très petites quantités de certains corps minéraux, dont les plus importants semblent être le *phosphore,* le *fer,* la *chaux* et la *potasse.*

Il existe donc une substance composée d'eau et de matières protéides, grasses, amyloïdes et minérales qu'on trouve dans tous les animaux et toutes les plantes et quand ceux-ci sont en vie, cette substance s'appelle *protoplasme.*

60. — Qu'entend-on par le mot « vivant »?

On dit que la plante de blé qui croît dans les champs est *vivante;* on dit aussi que le coq qui prend ses ébats dans la cour de la ferme est *vivant*. Si la plante est cueillie, si le coq reçoit un coup sur la tête, tous deux meurent bientôt, deviennent des choses *mortes*. Le coq et la plante de blé sont, comme nous l'avons vu, composés des mêmes éléments que ceux qui entrent dans la composition de la matière minérale, quoique réunis dans des composés qui n'existent pas dans le monde minéral. Pourquoi donc désignons-nous cette matière, quand elle prend la forme d'une plante ou d'un animal, comme une *matière vivante?*

61. — La plante vivante croît par l'addition aux substances qui composent son corps de substances semblables; celles-ci ne viennent pas du dehors, elles sont fabriquées dans le corps de la plante à l'aide de matériaux plus simples.

Au printemps, le champ de froment est couvert de petites plantes vertes. Celles-ci deviennent de plus en plus hautes, jusqu'à ce qu'elles atteignent beaucoup de fois la taille qu'elles avaient au moment de leur apparition. Elles produisent les fleurs, qui à un moment donné se changent en épis de blé.

En ne considérant que le procédé de croissance, accompagné par l'adoption d'une forme définie, on pourrait le comparer à la formation d'un cristal de sel dans la saumure; mais, en examinant les choses de plus près, on les trouve toutes différentes. En effet, le cristal de sel augmente en s'appropriant le sel contenu dans la saumure, qui vient s'ajouter de l'extérieur, tandis que la plante croît par addition intérieure. Il n'y a pas trace des composés caractéristiques du corps de la plante, l'albumine, le gluten, l'amidon, la cellulose et la matière grasse ni dans le sol, ni dans l'eau, ni dans l'air.

La plante ne crée cependant rien, et par conséquent la matière protéide, amyloïde et grasse qu'elle contient doit lui être fournie et simplement façonnée ou combinée à nouveau dans le corps de la plante.

Il est facile de saisir, d'une façon générale, quels sont les matériaux bruts mis en œuvre par la plante, car la plante ne possède rien qui ne lui soit fourni par l'atmosphère et par le sol. L'atmosphère contient de l'oxygène et de l'azote, un peu de gaz acide carbonique, une quantité minime de sels ammoniacaux et une proportion variable d'eau. Le sol renferme de l'argile et du sable (silice), de la chaux, du fer, de la potasse, du phosphore, du soufre, des sels ammoniacaux et d'autres matières sans importance. A eux deux, le sol et l'atmosphère contiennent donc tous les corps élémentaires que nous trouvons dans la plante; mais il incombe à celle-ci de les séparer et de les réunir en groupements nouveaux.

De plus, la matière nouvelle, grâce à l'addition de laquelle la plante se développe, ne s'applique pas à sa surface extérieure; elle est fabriquée à l'intérieur, et les nouvelles molécules se disséminent parmi les anciennes.

62. — La plante vivante, après s'être développée, détache une partie de sa substance, la semence, qui donne naissance à une plante semblable.

Le grain de blé fait partie de la fleur de la plante de blé et s'en sépare facilement quand il est mûr. Il contient une plante rudimentaire, et, quand on le sème, celle-ci croît peu à peu et finit par se développer en une plante parfaite, avec sa tige, ses racines, ses feuilles et ses fleurs, qui donne elle-même naissance à des semences semblables. Aucun corps minéral ne parcourt une série régulière de changements de forme et de grosseur et n'abandonne une partie de sa substance pour suivre la même voie. Les corps minéraux ne présentent aucun *développement* de ce genre et ne produisent pas de semences ou *germes*. Ils ne reproduisent pas leur espèce.

68. — L'animal vivant se développe par l'addition aux substances qui composent son corps, de substances semblables; celles-ci, cependant, proviennent en grande partie directement d'autres animaux ou de plantes.

Le coq de la ferme picore incessamment, avalant tantôt un grain de froment, tantôt une mouche ou un ver. En un mot, il se nourrit, et, comme chacun sait, il mourrait bientôt s'il était privé de nourriture. Personne n'ignore non plus qu'il serait fort inutile de nourrir un coq avec la terre où pousse le froment, en y joignant beaucoup d'air et d'eau.

Sous ce rapport, le coq est semblable à tous les autres animaux; il ne peut fabriquer les matériaux protéides de son corps, il doit les recevoir tout préparés ou du moins dans un état qui n'exige qu'une très légère modification, en s'incorporant les corps d'autres animaux ou de plantes. Les substances animales ou végétales absorbées sont amenées dans l'estomac de l'animal, où elles sont digérées ou dissoutes ; elles deviennent ainsi propres à être distribuées dans toutes les parties du corps du coq et appliquées à son entretien et à son développement.

64. — L'animal vivant, complètement développé, détache une partie de sa substance, l'œuf, qui donne naissance à un animal semblable.

L'œuf est formé dans le corps de la poule et est en réalité une partie de son corps, détachée et enfermée dans une coquille. Il contient un rudiment de coq, et, quand il est maintenu à une température convenable, soit par la poule elle-même, soit autrement, pendant trois semaines, ce rudiment grossit ou se développe, aux dépens des matériaux renfermés dans le jaune et le blanc, et forme un petit oiseau, le poulet, qui éclôt et devient à son tour un coq. L'animal est donc produit par le développement d'un germe de la même façon que la plante, et sous ce rapport toutes les plantes et tous les animaux se rattachent les uns aux autres et diffèrent de toute matière minérale.

65. — Les corps vivants diffèrent des corps minéraux par leur composition essentielle, par leur mode de développement et par le fait qu'ils sont reproduits par des germes.

Il y a donc une distinction bien tranchée entre la matière minérale et la matière vivante. Les éléments de la matière vivante sont identiques à ceux des corps minéraux, et les lois fondamentales de la matière et du mouvement s'appliquent aussi bien à la matière vivante qu'à la matière minérale; mais tout corps vivant est pour ainsi dire une pièce de mécanisme compliqué qui ne « marche » ou vit que sous certaines conditions. Le germe contenu dans l'œuf de poule n'exige pour édifier avec les molécules de l'œuf le corps du poulet qu'une provision de chaleur entre certaines limites étroites de température. Ce procédé de développement de l'œuf, comme celui de la semence, n'est ni plus ni moins mystérieux que celui en vertu duquel les molécules de l'eau, quand elle est refroidie au point de congélation, se groupent en cristaux réguliers.

L'étude approfondie des corps vivants nous fait entrer dans le domaine de la *biologie*, qui se divise en deux parties : la *botanique*, qui s'occupe des plantes, et la *zoologie*, qui traite des animaux.

Chacune de ces divisions a ses subdivisions, comme la *morphologie*, qui traite de la forme, de la structure et du développement des êtres vivants, et la *physiologie*, qui explique leurs actions ou fonctions.

CHAPITRE III

LES OBJETS IMMATÉRIELS

86. — Les phénomènes mentaux.

Les objets matériels sont ou non vivants, c'est-à-dire des corps minéraux ou vivants. Toute chose qui occupe de l'espace, offre de la résistance, a du poids et transmet le mouvement, appartient à l'une ou l'autre de ces deux grandes provinces de la nature. Les sciences de l'astronomie, de la minéralogie, de la physique et de la chimie s'occupent de la première, tandis que la biologie, avec ses deux divisions de la zoologie et de la botanique, traite de la seconde.

La connaissance naturelle n'est pas épuisée par ce catalogue des sujets qu'elle comprend. Dans le premier paragraphe de ce livre, nous avons eu l'occasion de tracer une distinction entre les *choses* ou objets matériels et les *sensations*. Un instant de réflexion suffit d'ailleurs pour vous convaincre que les sensations ne sont pas des objets matériels. Une odeur n'occupe pas d'espace et n'a pas de poids ; parler d'une livre ou d'un mètre cube de son ou de lumière serait une absurdité. On dit par métaphore que le plaisir est fugitif ; mais vous ne pouvez imaginer le plaisir comme une chose en mouvement.

Ce que nous appelons nos *émotions* sont, de la même façon, dénuées de tous les caractères de corps matériels. L'amour et la haine, par exemple, ne peuvent se concevoir un instant avec une forme, un poids, une force vive. Nos *pensées*, quand nous raisonnons, n'ont aucune des qualités des choses matérielles.

Les sensations, les émotions, les pensées constituent ainsi un groupe particulier de phénomènes naturels, qu'on appelle *mentaux*.

67. — L'ordre des phénomènes mentaux. La psychologie.

Un ordre défini règne parmi les phénomènes mentaux, comme parmi les phénomènes matériels; il n'y a pas plus de hasard, d'accident, d'événement sans cause dans une série que dans l'autre. De plus, il y a une relation de cause et d'effet entre certains phénomènes matériels et certains phénomènes mentaux. Ainsi, par exemple, certaines sensations sont toujours produites par l'influence de corps matériels particuliers sur nos organes des sens. La piqûre d'une épingle fait souffrir, les plumes sont douces au toucher, la chaux paraît blanche, et ainsi de suite. L'étude des phénomènes mentaux, de l'ordre dans lequel ils se succèdent et des relations de cause et d'effet qui existent entre eux et les phénomènes matériels, constitue le domaine de la *psychologie*.

Tous les phénomènes de la nature sont matériels ou immatériels, physiques ou mentaux. Il n'y a pas de science en dehors de celle qui consiste à connaître l'un ou l'autre groupe d'objets naturels et les relations qui les unissent.

APPENDICE

UN MORCEAU DE CRAIE [1]

..... Nous savons tous que, si nous brûlons de la craie, nous obtenons de la chaux vive. La craie, en un mot, est un composé de gaz acide carbonique et de chaux, et, quand vous la portez à une haute température, le gaz acide carbonique se dégage et la chaux reste.

En procédant ainsi, nous voyons la chaux, mais nous ne voyons pas l'acide carbonique. Si, au contraire, on réduit en poudre un peu de craie et qu'on jette cette poudre dans une assez grande quantité de fort vinaigre, on remarque d'abord une forte ébullition et la formation de globules de gaz, puis le liquide redevient transparent, et l'on n'aperçoit plus trace de la craie. Dans ce cas, vous voyez l'acide carbonique; la chaux, au contraire, dissoute dans le vinaigre, n'est plus perceptible. Il y a beaucoup d'autres moyens de prouver que la craie n'est, en somme, qu'un composé d'acide carbonique et de chaux. Les

1. Conférence faite par M. Th. Huxley, à l'Association britannique pour l'avancement des sciences, congrès de Norwich. (Extrait de la *Revue des cours scientifiques*, n° 44, 3 octobre 1868.)

chimistes énoncent le résultat de toutes les expériences qui le prouvent, en disant que la craie est presque entièrement composée de « carbonate de chaux ».

Il est désirable que nous partions de ce fait, bien qu'il ne paraisse pas nous aider beaucoup à arriver au but que nous nous proposons d'atteindre. En effet, le carbonate de chaux est une substance très répandue, et il se rencontre dans des conditions très diverses. Toutes les pierres à chaux sont composées de carbonate de chaux plus ou moins pur. Les dépôts, sous forme de stalagmites et de stalactites, que laissent après elles les eaux qui ont traversé des couches de roches à chaux, sont du carbonate de chaux. Ou, pour prendre un exemple plus familier, le dépôt qu'on remarque si souvent à l'intérieur d'une bouilloire est du carbonate de chaux; et, si l'on consultait la chimie seule, on pourrait en arriver à la conclusion que la craie est une sorte d'immense dépôt fait sur la bouilloire terrestre, qui reste encore assez chaude.

Essayons d'une autre méthode pour lire l'histoire de la craie. A l'œil nu, la craie paraît être tout simplement une sorte de pierre au grain grossier. Mais il est possible de couper la craie en une tranche assez mince pour que l'on puisse voir à travers, et même assez mince pour pouvoir l'étudier au microscope. On pourrait se procurer facilement une tranche très mince du dépôt formé dans une bouilloire. Si l'on examine cette dernière tranche au microscope, on reconnaît une substance minérale laminée plus ou moins distinctement, et rien de plus.

Une tranche de craie placée sous le microscope présente un aspect tout différent. La masse générale consiste en granules très petits; puis, ensevelis dans cette matrice, on distingue des corps en quantité innombrable, les uns plus petits, les autres plus grands, n'ayant guère en moyenne qu'un centième de pouce en diamètre et ayant toutefois une forme et une structure bien définies. Un pouce cube de quelques spécimens de craie peut bien contenir des centaines de mille de ces corps enfermés dans d'incalculables millions de granules.

L'examen d'une tranche de craie transparente donne une idée assez exacte de la manière dont sont disposés les matériaux qui forment la craie et de leurs proportions relatives. Mais si l'on frotte dans l'eau un peu de craie avec une brosse et qu'on transvase le liquide laiteux de façon à obtenir des dépôts de différents degrés de finesse, on parvient à séparer les uns des autres les granules et les petits corps arrondis, et l'on peut les soumettre à l'examen microscopique, soit comme objets opaques, soit comme objets transparents. En combinant les vues obtenues par ces différentes méthodes, on peut prouver que chacun de ces corps ronds est un corps calcaire admirablement construit, composé d'un certain nombre de cellules communiquant librement l'une avec l'autre. Ces corps à cellules affectent différentes formes. L'un des plus communs ressemble un peu à une framboise et est composé d'un certain nombre de cellules presque globulaires, de différentes grandeurs et réunies ensemble. On l'appelle *Globigerina*, et quelques spécimens de craie se composent presque entièrement de *Globigerinæ* et de *granules*.

Examinons la *Globigerina*. C'est la piste du gibier que nous chassons. Si nous pouvons comprendre ce qu'elle est et quelles sont les conditions de son existence, nous comprendrons aussi l'origine et l'histoire ancienne de la craie.

L'histoire de la découverte de ces *Globigerinæ* vivantes et du rôle qu'elles jouent dans la formation des roches est assez singulière. C'est une découverte qui, comme bien d'autres ayant une importance scientifique aussi remarquable, provient incidemment d'une œuvre entreprise dans un but tout pratique.

Les premiers navigateurs comprirent bien vite la nécessité d'étudier la position des rochers et des écueils, et, à mesure que le tonnage des vaisseaux devint plus considérable, il devint plus essentiel de connaître la profondeur des mers fréquentées. Cette nécessité répandit bien vite l'emploi de la sonde; de là provient la science de l'hydrographie, c'est-à-dire le relevé de la forme des côtes et la publication des cartes indiquant la profondeur de la mer.

Il devint en même temps désirable de connaître et d'indiquer la nature du fond de la mer, puisque c'est là un point fort intéressant pour savoir si l'ancre peut trouver ou non à se fixer. Quelque matelot ingénieux, dont le nom méritait certainement mieux que l'oubli dans lequel il est enseveli, eut l'idée d'étudier ces fonds en armant la partie inférieure du plomb d'un morceau de graisse, auquel adhéraient le sable, la boue ou les coquilles brisées formant le fond de la mer et qui se trouvaient ainsi ramenés à la surface. Mais, quelque suffisant que fût cet appareil dans le simple but maritime, on ne pouvait rien en espérer au point de vue de la science, surtout quand les sondages se faisaient à de grandes profondeurs. Pour remédier à ces défauts, le lieutenant Brooke, de la marine américaine, inventa, il y a quelques années, un appareil fort ingénieux, au moyen duquel il peut ramener à la surface une portion considérable du lit de la mer, et cela quelle que soit la profondeur à laquelle descende le plomb.

En 1853, le lieutenant Brooke, au moyen de son appareil, ramena à la surface de la boue du fond de l'océan Atlantique, dans un sondage fait entre Terre-Neuve et les Açores, à une profondeur de plus de 10 000 pieds ou 2 milles. On envoya les spécimens à Ehrenberg (de Berlin) et à Bailey (de West-Point), pour qu'ils les examinassent. Ces habiles microscopistes découvrirent que cette boue provenant d'une si grande profondeur était presque entièrement composée des squelettes d'organismes vivants, et que la plus grande partie ressemblait exactement aux *Globigerinæ* de la craie...

Des *Globigerinæ* de toutes les grandeurs, depuis les plus petites jusqu'aux plus grandes, se trouvent dans cette boue de l'Atlantique, et les cellules de beaucoup d'entre elles sont remplies d'une molle matière animale. Cette substance molle est, en somme, ce qui reste de la créature à laquelle la coquille ou plutôt le squelette de la *Globigerina* doit son existence. C'est un animal excessivement simple.

Ce n'est, en un mot, qu'une particule de gelée vivante, sans aucune partie définie, sans bouche, sans nerfs, sans muscles, sans organes distincts, et ne manifestant sa vitalité, à l'observation ordinaire, que par l'extension et la contraction de filaments qui lui servent de bras et de jambes. Cependant cette particule amorphe, privée de ce que, dans les animaux d'un ordre plus élevé, nous appelons des organes, est capable de sentir, de croître et de multiplier; de séparer de l'Océan la petite proportion de carbonate de chaux que l'eau de mer tient en solution; de se faire un squelette de cette substance, et cela sur un modèle qui ne peut être imité par aucun autre moyen connu.

Les animaux peuvent-ils vivre et se multiplier dans les grandes profondeurs d'où des *Globigerinæ*, apparemment vivantes, ont été rapportées? Cela ne s'accorde guère avec nos idées habituelles sur les conditions de la vie animale; et il n'est pas absolument impossible, comme on pourrait le croire d'abord, que les *Globigerinæ* vivent et meurent au fond de la mer où on les trouve.

Comme je viens de le dire, la boue prise dans la grande plaine océanique consiste presque entièrement en *Globigerinæ*, avec les granules dont j'ai parlé, et quelques autres coquilles calcaires; mais une petite partie de la boue crayeuse, tout au plus peut-être 5 pour 100, est d'une nature différente et consiste en coquilles et en squelettes composés de silex pur. Ces corps siliceux appartiennent en partie à ces organismes végétaux inférieurs qu'on appelle *Diatomaceæ* et en partie à ces petits animaux excessivement simples, appelés *Radiolariæ*. Il est certain que ces créatures ne vivent pas au fond de l'Océan, mais à la surface, où l'on peut s'en procurer un nombre prodigieux en se servant d'un filet construit dans ce but. Il s'ensuit donc que ces organismes siliceux, bien qu'ils soient aussi légers que la poussière la plus légère, ont dû, dans quelques cas, traverser quinze mille pieds d'eau avant d'arriver à leur lieu de repos définitif sur le lit de l'Océan. Si l'on considère quelle large surface possèdent ces corps, proportionnellement à leur poids, il est probable qu'il se passe un temps très long avant qu'ils arrivent au fond de l'Atlantique.

Puisque si les *Radiolariæ* et les Diatomées pleuvent ainsi de la surface de la mer où elles vivent jusque dans ses plus grandes profondeurs, il paraît très possible que les *Globigerinæ* puissent aussi provenir des couches supérieures; s'il en était ainsi, il serait beaucoup plus facile de comprendre comment elles se procurent leur nourriture. Néanmoins toutes les preuves positives et négatives tendent à établir le contraire. Les squelettes des *Globigerinæ* trouvés au fond de la mer sont si solides, si remarquablement lourds, proportionnellement à leur grandeur, qu'ils semblent peu faits pour flotter, et, en fait, on ne les trouve jamais avec les Diatomées et les *Radiolariæ* dans les couches supérieures de l'Océan.

On a remarqué, en outre, que le nombre des *Globigerinæ*, proportionnellement aux autres organismes d'une espèce semblable, va en augmentant avec la profondeur de la mer. Les *Globigerinæ* qui vivent dans de grandes profondeurs sont plus grandes que celles qui vivent dans les mers peu profondes, et ces faits écartent la supposition que ces organismes sont entraînés par des courants des parties peu profondes de l'Atlantique.

Il semble donc à peu près prouvé que ces créatures étonnantes vivent et meurent dans les profondeurs où on les trouve.....

De même que nous pouvons affirmer que les hommes ont bâti les pyramides, en nous appuyant non seulement sur les preuves que nous fournissent les pyramides elles-mêmes, mais aussi sur une foule de preuves collatérales, confirmées par l'absence complète de toute raison à une croyance contraire; de même aussi la preuve que nous fournissent les *Globigerinæ* que la craie est l'ancien lit d'une mer, est fortifiée par d'innombrables preuves indépendantes, et notre croyance à cette vérité de conclusion qu'indiquent tous les témoignages positifs reçoit une nouvelle force du fait qu'aucune autre hypothèse ne se présente.

Examinons brièvement, ce ne sera pas du temps perdu, quelques-unes de ces preuves collatérales qui nous permettent d'affirmer avec plus de force encore que la craie a été déposée au fond de la mer.

Nous avons vu que la grande masse de la craie est composée de squelettes de *Globigerinæ* et d'autres organismes simples ensevelis dans une matière granulaire. Çà et là, cependant, cette boue durcie d'une ancienne mer présente les restes d'animaux d'un ordre plus élevé, qui ont vécu, qui sont morts et ont laissé leurs ossements dans la boue, de même que les huîtres vivent, meurent et laissent après elles leurs écailles dans la boue des mers actuelles.

Il existe à notre époque certains groupes d'animaux qui ne se trouvent jamais dans l'eau douce, car ils ne peuvent vivre que dans la mer. Tels sont les coraux ; ces corallines qu'on appelle des *Polyzoa;* ces créatures qu'on appelle les *Brachiopoda ;* le *Nautilus* à l'enveloppe de perle, et tous les animaux de la même famille; enfin toutes les variétés d'oursins et d'étoiles de mer.

Non seulement toutes ces créatures habitent aujourd'hui l'eau salée; mais, aussi loin que remontent nos archives du passé, leur existence a été la même; donc leur présence dans un dépôt est une preuve aussi concluante que possible que ce dépôt a été formé dans la mer. Or les restes des animaux de toutes les espèces que nous avons énumérées se trouvent plus ou moins abondamment dans la craie, tandis qu'on n'y a pas encore trouvé une seule de ces variétés de coquillages qui caractérisent les eaux douces.

Les preuves collatérales indiquant que la craie représente le lit d'une ancienne mer acquièrent autant de force que la preuve tirée de la nature de la craie elle-même, quand on considère qu'on a découvert dans les fossiles de la craie les restes de plus de 3000 espèces distinctes d'animaux aquatiques; que la grande majorité de ces espèces se rencontrent aujourd'hui dans la mer, et dans la mer seulement, et qu'il n'y a aucune raison de croire qu'aucune d'elles ait jamais habité l'eau douce. Je crois que vous serez tout disposés maintenant à admettre que je n'ai rien exagéré en affirmant que nous avons tout autant de raison pour croire que l'immense étendue de terre occupée actuellement par la craie était autrefois au fond de la mer, que pour croire à quelque point d'histoire que ce soit, tandis qu'aucune preuve n'existe pour une autre hypothèse.

Il n'est pas moins certain que le temps pendant lequel les pays que nous appelons aujourd'hui le sud-est de l'Angleterre, la France, l'Allemagne, la Pologne, la Russie, l'Égypte, l'Arabie, la Syrie, ont été plus ou moins complètement couverts par une mer profonde, a été extrêmement long.

Nous avons déjà vu que la craie, dans quelques endroits, a plus de mille pieds d'épaisseur. Je pense que vous conviendrez avec moi qu'il a fallu quelque temps pour que des squelettes d'animalcules n'ayant qu'un centième de pouce de diamètre forment une semblable masse. Je vous ai dit qu'on trouve répandus dans toute l'épaisseur de la craie les restes d'autres animaux. Ces restes sont quelquefois admirablement conservés. Les valves des coquillages sont ordinairement adhérentes; les longues épines de quelques-unes, que le moindre choc suffit à détacher, restent souvent à leur place. En un mot, il est certain que ces animaux ont vécu et sont morts alors que l'emplacement qu'ils occupent aujourd'hui formait la surface de la race déposée précédemment; chacun de ces débris a été subséquemment recouvert par les squelettes des *Globigerinæ*, au-dessus desquels d'autres animaux ont vécu, sont morts et ont été ensevelis à leur tour. Quelques-uns de ces restes prouvent l'existence, dans la mer où s'est formée la craie, de reptiles atteignant une taille considérable. Ces reptiles ont vécu, ont eu leurs ancêtres et leur postérité, ce qui assurément implique un long espace de temps, les reptiles croissant lentement.

Il y a une preuve plus curieuse encore que l'ensevelissement de ces restes, ou, en d'autres termes, le dépôt des *Globigerinæ*, se fit très lentement. On peut démontrer qu'un animal de la mer crétacée est mort, que son squelette est resté assez longtemps découvert au fond de la mer pour perdre tous ses organes extérieurs par putréfaction ; et que, après tout le temps nécessaire pour que cela s'accomplît, un autre animal est venu à son tour s'attacher au squelette mis à nu, s'est développé et est mort à son tour avant que la boue calcaire ait enseveli le tout.

Sir Charles Lyell décrit admirablement quelques-uns de ces faits. Il dit que les géologues trouvent fréquemment dans la craie un fossile auquel est attachée la coquille inférieure d'un *Crania*, qui est une espèce de coquillage composé de deux morceaux, dont l'une des valves, comme chez l'huître, est fixe et l'autre mobile.

« La valve supérieure est presque toujours absente, bien que quelquefois on la retrouve admirablement conservée à quelque distance dans la craie. Ceci nous prouve clairement que l'oursin de mer a d'abord vécu depuis sa jeunesse jusqu'à sa vieillesse; puis, après sa mort, a perdu ses épines, qui ont été emportées. Puis le jeune *Crania* est venu s'attacher au squelette mis à nu, a vécu et est mort à son tour; après quoi la valve supérieure s'est séparée de la valve inférieure avant que l'*Echinus* ait été recouvert par la boue crayeuse. »

Un spécimen qui se trouve au musée de géologie pratique indique un espace de temps plus long encore entre la mort d'un oursin de mer et son ensevelissement par les *Globigerinæ*. Car la surface extérieure de la valve d'un *Crania* attaché à un oursin de mer (*Micraster*) est elle-même recouverte d'un corail qui s'étend sur la surface de l'oursin. Il s'ensuit que, après que la valve supérieure du *Crania* s'est trouvée détachée, la surface de la valve fixe est restée assez longtemps exposée pour que le corail pût croître, car les coraux ne sauraient croître dans la boue.

Les progrès de la science peuvent un jour nous mettre à même de déduire de semblables faits la vitesse maximum de l'accumulation de la craie, et nous permettre ainsi de fixer la durée minimum de la période de la craie.

Supposons que la valve du *Crania* sur laquelle un corail s'est attaché, comme nous venons de le dire, est fixée à l'oursin de mer de telle façon qu'aucune partie de cette valve ne soit élevée de plus d'un pouce au-dessus de la boue sur laquelle cet oursin repose. Or, comme le corail n'aurait pu s'attacher au *Crania* si ce dernier avait été recouvert par la craie, et n'aurait pas pu vivre s'il avait été recouvert lui-même, il s'ensuit qu'un pouce de craie n'a pas pu se déposer dans le temps qui s'est écoulé entre la mort et la putréfaction des parties molles de l'oursin et la croissance du corail jusqu'à l'état où nous le retrouvons. Si l'on compte un an (ce qui est une estimation bien au-dessous de la vérité) pour la putréfaction de l'oursin, la croissance et la mort du *Crania*, et la croissance subséquente du corail, l'accumulation d'un pouce de craie a dû nécessiter plus d'un an, et un dépôt de craie de mille pieds d'épaisseur a dû conséquemment occuper plus de douze mille ans.

La base de tous ces calculs est, bien entendu, l'espace de temps qu'il faut à un *Crania* et à un corail pour se développer entièrement, et sur ce point des connaissances exactes nous font défaut.

Mais il y a des circonstances qui tendent à prouver qu'un pouce de craie ne peut pas se déposer pendant la vie d'un *Crania* ; et quelle que soit la durée qu'on assigne à cette existence, la période crayeuse doit avoir une étendue beaucoup plus considérable que celle que nous venons d'évaluer grossièrement.

Ainsi il est non seulement certain que la craie est la boue d'une ancienne mer, mais il n'est pas moins certain que cette mer où s'est produite la craie a existé pendant une période excessivement longue, bien que nous ne puissions estimer d'une manière précise en nombre d'années la longueur de cette période. La durée relative est claire, bien que la durée absolue soit indéfinissable. On se trouve arrêté par des difficultés de la même espèce, si l'on veut essayer d'assigner une date spéciale au commencement et à la fin de l'existence de cette mer. Mais on peut déterminer aussi facilement, et avec autant de certitude que nous avons prouvé la longue durée de cette période, l'âge relatif de l'époque crétacée.

Vous avez certainement entendu parler des découvertes intéressantes faites récemment, dans différentes parties de l'Europe occidentale, d'instruments de silex travaillés par la main de l'homme, et dans des circonstances telles qu'elles prouvent que l'homme a habité ces régions depuis un temps fort considérable.

On a prouvé que les vieux habitants de l'Europe, dont l'existence nous a été révélée de cette façon, étaient des sauvages ressemblant aux Esquimaux de notre époque ; que, dans le pays qui s'appelle aujourd'hui la France, ils chassaient le renne et qu'ils coudoyaient habituellement le mammouth et le bison. La géographie physique de la France était alors très différente de ce qu'elle est aujourd'hui : la Somme, par exemple, a depuis lors creusé son lit d'une centaine de pieds, et il est probable que le climat ressemblait plus alors à celui du Canada et de la Sibérie qu'à celui de l'Europe occidentale.

Les traditions des plus vieilles nations historiques ne mentionnent même pas l'existence de ces peuples. Leur souvenir avait entièrement disparu jusque dans ces dernières annees; et, d'après les changements qui se sont accomplis depuis le temps où ils existaient, il est plus que probable que, quelque vénérables que soient pour nous quelques nations historiques, les peuples qui taillaient le silex à Hoxne et à Amiens sont à ces nations, au point de vue de l'antiquité, ce que ces dernières sont à nous-mêmes.

Mais, si nous assignons à ces vénérables reliques de longues générations d'hommes disparues l'antiquité la plus reculée qu'on puisse réclamer pour elles, elles ne sont pas plus vieilles que l'époque du diluvium, qui, comparé à l'époque de la craie, n'est qu'un dépôt tout jeune encore. Il est inutile, pour vous convaincre de la vérité de ce fait, d'aller plus loin que sur vos propres côtes. Dans un des plus charmants endroits de la côte de Norfolk, vous verrez l'argile formant une vaste masse qui repose sur la craie et qui, par conséquent, a dû être déposée après elle. D'immenses blocs de craie sont, il est vrai, mêlés à l'argile, et ils ont été évidemment apportés à la place qu'ils occupent actuellement par la même force qui a planté à leur côté des blocs de syénite de Norvège.

La craie est donc certainement plus ancienne que l'argile. Si vous me demandez de combien elle est plus ancienne, je vous conduirai au même endroit pour vous répondre. Je vous ai dit que le diluvium et l'argile reposaient sur la craie. Ce n'est pas parfaitement exact.

Entre la craie et le diluvium se trouve une couche comparativement insignifiante contenant des matières végétales. Mais cette couche raconte une histoire étonnante. Elle est pleine de troncs d'arbres debout, dans la position où ils ont poussé. On y trouve des pins avec leurs cônes, des noisetiers avec leurs noisettes, des troncs de chênes et d'ifs, de hêtres et d'aunes. Aussi a-t-on avec raison appelé cette couche la « couche forestière ».

Il est évident que la craie a dû être soulevée et convertie en terre sèche avant que les arbres forestiers aient pu croître dessus. Comme les troncs de ces arbres ont de deux à trois pieds de diamètre, il n'est pas moins évident que la terre sèche ainsi formée est restée dans la même condition pendant une longue période.

Les restes de chênes et de pins magnifiques ne sont pas les seules preuves de cette longue durée ; nous en avons encore un témoignage : ce sont les restes nombreux d'éléphants, de rhinocéros, d'hippopotames et d'autres grandes bêtes fauves qui y ont été trouvés par des observateurs tels que le rév. M. Gunn.

Quand on considère une collection semblable à celle qu'il a formée, et qu'on pense que ces ossements portaient leurs possesseurs dans ces forêts, et que ces grands herbivores se reposaient à l'ombre de ces arbres épais, dont la couche forestière est à présent la seule trace, il est impossible de ne pas sentir qu'il y a là un témoignage aussi concluant d'une longue période que les anneaux annuels des troncs d'arbres.

Ainsi il y a une inscription sur les dunes perpendiculaires de Cromer, et chacun peut la lire. Elle nous dit, avec une autorité qu'on ne peut discuter, que l'ancien lit de la mer, la craie a été soulevée, est devenue terre sèche, et est restée telle jusqu'à ce qu'elle fût couverte de forêts habitées par les animaux dont les dépouilles réjouissent vos géologues. Combien de temps est-elle restée dans cette condition? On ne peut le dire ; mais, alors comme aujourd'hui, les jours se suivaient, mais ne se ressemblaient pas. Cette terre sèche, avec les ossements et les dents de longues générations d'éléphants cachés dans les racines et les feuilles sèches de ses anciens arbres, s'abaissa graduellement au fond de la mer Glaciale, qui la recouvrit d'immenses masses.

Des animaux marins, tels que le walrus, qui ne se rencontrent plus aujourd'hui que dans l'extrême nord, circulaient à l'endroit où les oiseaux s'étaient perchés sur les rameaux les plus élevés des pins. Combien de temps cet état de choses dura-t-il? Nous ne le savons pas; mais enfin il se termina. La boue glaciale, soulevée à son tour, se durcit et forma le sol du Norfolk moderne. Les forêts poussèrent de nouveau, le loup et le castor remplacèrent le renne et l'éléphant, et enfin commença ce que nous appelons l'histoire d'Angleterre ...

Ainsi des preuves qu'on ne peut discuter et qu'il n'est nul besoin de renforcer, bien que, si le temps le permettait, je pourrais en citer un grand nombre d'autres, nous forcent de croire que la terre, depuis l'époque de la craie jusqu'à notre époque, a été le théâtre d'une série de changements aussi considérables que lents. Le terrain sur lequel nous nous trouvons a été d'abord mer, puis terre; ces changements se sont produits quatre fois au moins, et chacun de ces changements a duré un temps considérable.

Ces étonnantes métamorphoses de mer en terre ferme, de terre ferme en mer, n'ont pas d'ailleurs été restreintes à un coin de l'Angleterre. Pendant la période de la craie, ou « l'époque crétacée », aucun des grands traits physiques de notre globe n'existait encore. Nos grandes chaînes de montagnes, les Pyrénées, les Alpes, l'Himalaya, les Andes, ont toutes été soulevées depuis le dépôt de la craie, et la mer crétacée recouvrait les sites où se dressent aujourd'hui le Sinaï et l'Ararat.

Tout cela est certain, car des roches crétacées ou même des roches plus récentes ont partagé les mouvements élévatoires qui ont produit ces chaînes de montagnes, et se retrouvent, dans quelques cas, perchées à des milliers de pieds de hauteur sur leurs flancs. Des preuves également concluantes nous démontrent que, quoique dans le Norfolk la couche forestière repose immédiatement sur la craie, ce n'est pas parce que la période forestière suivit immédiatement l'époque de la formation de la craie, mais parce qu'un laps de temps immense représenté dans d'autres lieux par des rochers ayant des milliers de pieds d'épaisseur n'est pas indiqué à Cromer.

Je dois vous demander de croire que nous avons des preuves non moins concluantes qu'une succession plus longue encore de changements semblables a eu lieu avant le dépôt de la craie. Nous n'avons pas d'ailleurs de raison de croire que le premier terme de la série de ces changements nous soit connu. Les plus anciens lits de mer que nous connaissons sont formés de sables, de boue et de cailloux, qui ne sont que les débris de roches formées dans des océans plus anciens encore.

Mais, quelque grands qu'aient été ces changements physiques du monde, ils ont été accompagnés d'une série non moins étonnante de modifications dans les habitants du globe.

Toutes les grandes familles d'animaux, les bêtes des champs, les oiseaux de l'air, les créatures rampantes et celles qui vivent dans les eaux, florissaient sur le globe des siècles sans nombre avant que la craie ait été déposée.

Bien peu de créatures vivant aujourd'hui ressemblent cependant à ces anciennes créatures. Il est certain que pas un des animaux les mieux organisés n'appartenait aux mêmes espèces que celles existant aujourd'hui. Les bêtes des champs, dans les temps qui ont précédé la craie, n'étaient pas les bêtes de nos champs; les oiseaux de l'air ne ressemblaient pas à ceux que l'œil de l'homme a vu voler, à moins que son antiquité ne remonte infiniment plus loin que nous ne le supposons aujourd'hui. Si nous pouvions être tout à coup reportés à cette époque, nous éprouverions les mêmes étonnements qu'un homme arrivant en Australie avant qu'elle ait été colonisée. Nous verrions des mammifères, des oiseaux, des reptiles, des poissons, des insectes que nous reconnaîtrions facilement comme tels, et cependant pas un d'entre eux ne ressemblerait exactement à ceux qui nous sont familiers, et beaucoup seraient très dissemblables.

La population du monde a éprouvé depuis ce temps des changements lents et graduels, mais incessants. Il n'y a pas eu de grande catastrophe; aucun destructeur n'a fait disparaître d'un seul coup les animaux d'une période pour les remplacer par une création entièrement nouvelle; mais une espèce a disparu et une autre a pris sa place; des créatures ayant un certain type ont diminué en nombre, d'autres ont augmenté à mesure que le temps marchait. Aussi la différence sera-t-elle effrayante si l'on place l'une près de l'autre les créatures des temps qui ont précédé la craie et celles qui vivent aujourd'hui, et cependant nous sommes conduits d'une forme à l'autre par la progression la plus graduelle, si nous suivons le cours de la nature à travers la série entière des dépouilles qu'elle nous a conservées.

C'est la population de la mer crétacée qui relie le plus complètement les habitants de l'ancien monde aux habitants du monde moderne. Les groupes qui disparaissent s'y trouvent côte à côte des groupes qui représentent aujourd'hui les espèces dominantes.

Ainsi la craie contient les restes de ces étranges reptiles qui pouvaient voler et nager, le ptérodactyle, l'ichthyosaurus et le plesiosaurus, qui ne se trouvent pas dans les dépôts plus récents, mais qui abondent dans les âges précédents. Les coquillages à cellules appelés les ammonites et les bélemnites, qui caractérisent la période précédant l'époque crétacée, disparaissent avec elle.

Mais parmi ces restes d'un état de choses qui s'efface, il y a quelques exemples d'animaux très modernes qu'on pourrait comparer à un colporteur yankee au milieu d'une tribu de Peaux-Rouges. Les crocodiles du type moderne apparaissent; les poissons à arêtes, dont beaucoup ressemblent aux espèces existant aujourd'hui, supplantent presque les poissons prédominant dans les mers plus anciennes; beaucoup de coquillages modernes paraissent pour la première fois dans la craie. La végétation revêt un aspect moderne. Quelques animaux vivants ne peuvent même pas se distinguer comme espèces de ceux qui existaient à cette époque éloignée. La *Globigerina* actuelle, par exemple, ne diffère pas spécifiquement de celle de la craie; on pourrait en dire autant de bien d'autres *Foraminiferæ.* Il est probable, je pense, que des observations critiques, faites par des hommes sans préjugés, prouveront que plus d'une espèce d'animaux d'un ordre plus élevé a eu une existence aussi longue : le seul exemple que je puisse citer à présent est la *Terebratulina caput serpentis*, qui vit dans nos mers anglaises et qui abondait (comme *Terebratulina striata* des auteurs) dans la craie.

La famille humaine se vantant de la plus longue série d'ancêtres doit courber le front devant l'arbre généalogique de ce coquillage insignifiant. Nous sommes fiers, nous autres Anglais, de compter parmi nos ancêtres un soldat présent à la bataille d'Hastings. Les ancêtres de la *Terebratulina caput serpentis* ont pu assister à une bataille d'*Ichtyosauriæ*, livrée dans cette partie de la mer qui, quand la craie se déposait, recouvrait l'endroit où se trouve aujourd'hui Hastings. Pendant que tout a changé autour d'elle, cette *Terebratulina* s'est paisiblement propagée de génération en génération et existe encore aujourd'hui, sorte de témoignage vivant, prouvant la continuité de l'histoire présente avec l'histoire ancienne du globe.

Jusqu'à présent, je n'ai énoncé, autant que

je le sache, que des faits authentiques et les conclusions immédiates qu'ils présentent à l'esprit.

Mais notre esprit est ainsi fait qu'il ne s'arrête pas volontiers aux faits et aux causes immédiates; il cherche toujours à remonter la chaîne des causes.

Nous ne pouvons nous empêcher, en admettant les nombreux changements qu'a subis un endroit donné de la surface du globe, tantôt terre et tantôt mer; nous ne pouvons, dis-je, nous empêcher de nous demander quelle a été la cause de ces changements. Puis, quand nous les avons expliqués comme ils doivent l'être, par de lents mouvements alternatifs d'élévation et de dépression qui ont affecté la croûte de la terre, nous allons plus loin et nous demandons : Pourquoi ces mouvements?

Je ne crois pas que qui que ce soit puisse répondre d'une façon satisfaisante à cette question. Quant à moi, je ne le puis pas. Tout ce qu'on peut dire, c'est que ces mouvements sont dans le cours ordinaire de la nature, car ils se produisent encore sous nos yeux. On a la preuve certaine que quelques parties des terres de l'hémisphère du nord se soulèvent aujourd'hui insensiblement, pendant que d'autres s'abaissent tout aussi insensiblement. On a en outre des preuves indirectes, mais très satisfaisantes, qu'une superficie énorme recouverte aujourd'hui par l'océan Pacifique s'est abaissée de plusieurs milliers de pieds depuis que les animaux qui habitent cette mer ont commencé d'exister.

Aussi n'y a-t-il pas à douter un seul instant

que les changements physiques du globe dans le passé résultent de causes naturelles seules.

Y a-t-il plus de raisons pour croire que les modifications qu'ont subies les formes des habitants du globe proviennent d'une autre cause?

Avant d'essayer de répondre à cette question, tâchons de nous faire une idée exacte de ce qui s'est passé dans quelques cas particuliers.

Les crocodiles sont des animaux qui, comme groupe, remontent à une très haute antiquité. On les trouve en abondance dans des couches bien plus anciennes que la craie; ils abondent aujourd'hui dans les rivières des pays chauds. Il y a une différence dans la forme des joints de l'épine dorsale et dans quelques parties insignifiantes, entre les crocodiles actuels et ceux qui vivaient avant la période de la craie. Mais à l'époque crétacée, comme je l'ai déjà dit, les crocodiles avaient revêtu le type moderne. Malgré cela, les crocodiles de la craie ne sont pas identiquement les mêmes que ceux qui vivaient dans les temps appelés « la vieille époque tertiaire », qui a succédé à l'époque crétacée; et les crocodiles des vieux terrains tertiaires ne sont pas identiques avec ceux des nouvelles couches tertiaires, ni ces derniers avec ceux d'aujourd'hui. (Je laisse de côté la question de savoir si des espèces particulières se sont continuées pendant plusieurs époques.) Ainsi chaque époque a eu ses crocodiles particuliers, bien que tous, depuis la craie, appartiennent au type moderne et n'en diffèrent que par leurs proportions et des détails de forme qui ne peuvent être remarqués que par des yeux exercés.

Comment expliquer cette longue série de différentes espèces de crocodiles?

Nous ne pouvons faire que deux suppositions : ou bien chaque espèce de crocodile a fait l'objet d'une création spéciale, ou bien chacune de ces espèces provient d'une forme préexistante altérée par l'opération de causes naturelles.

Choisissez votre hypothèse. Quant à moi, j'ai choisi la mienne. Aucune raison ne me porte à croire à la création distincte d'une quantité d'espèces successives de crocodiles pendant le cours de siècles innombrables. La science ne soutient pas une idée aussi absurde. Je ne crois pas d'ailleurs que même l'ingénuité perverse d'un commentateur puisse découvrir cette explication dans les simples paroles dont l'auteur de la Genèse se sert pour rappeler le cinquième et le sixième jour de la création.

D'un autre côté, je ne vois pas de raison pour repousser l'autre explication, c'est-à-dire que toutes ces différentes espèces proviennent d'une forme préexistante de crocodiles modifiée par l'opération de causes faisant aussi complètement partie de l'ordre commun de la nature que celles qui ont présidé aux changements du monde inorganique.

Qui osera affirmer que ce raisonnement qui s'applique aux crocodiles ne peut s'appliquer aussi aux autres animaux et aux plantes? Si une série d'espèces a été produite par l'opération de causes naturelles, ce serait folie de nier que toutes aient été produites de la même façon.

Un petit commencement nous a conduits à

une grande fin. Si je plaçais le petit morceau de craie d'où nous sommes partis dans la flamme de l'hydrogène obscure, mais douée d'une si intense chaleur, il brillerait comme le soleil. Il me semble que cette métamorphose physique représente assez bien ce qui s'est passé quand nous avons soumis ce morceau de craie à un examen consciencieux, quoique bien peu brillant. Ce morceau de craie est devenu lumineux; ses clairs rayons ont pénétré les abîmes du passé et nous ont permis de comprendre quelques-unes des évolutions de la terre. Et dans les lentes transformations de la terre et de la mer, de même que dans la variété infinie de formes revêtues par les êtres vivants, nous n'avons jamais observé que le produit naturel des forces que possédait à l'origine la substance de l'univers.

FIN

TABLE DES MATIÈRES

CHAPITRE PREMIER

LA NATURE ET LA SCIENCE

CHAPITRE II

LES OBJETS MATÉRIELS

I. — Les corps minéraux.

II. — Les corps vivants.

CHAPITRE III

LES OBJETS IMMATÉRIELS

APPENDICE

FIN DE LA TABLE DES MATIÈRES.

COULOMMIERS. — TYP. PAUL BRODARD.

www.ingramcontent.com/pod-product-compliance
Ingram Content Group UK Ltd.
Pitfield, Milton Keynes, MK11 3LW, UK
UKHW012216240726
13966UKWH00003B/790